JN123025

繊維応用技術研究会編 技術シリーズ — 1

「染色」って何？

— やさしい染色の化学 —

繊維応用技術研究会編

ファイバー・ジャパン

「染色」って何？
― やさしい染色の化学 ―

目　次

第 4 章　水中での染料分子はどのような状態で存在しているのか？……35

第 5 章　水に浸かった繊維はどのような状態にあるのか？……51

第 6 章　熱が加わると繊維はどのような状態になるのか？……61

第 7 章　染料は非晶部分にどのように入っていくのか？……69

発刊にあたって

繊維応用技術研究会は，「温故知新」の諺（ことわざ）のごとく，企業における技術基盤の確立あるいは再構築を行い，新たな技術開発のエネルギーを蓄えることが重要なことであるとの認識に立ち，平成９年に設立された研究会です。その後，10数年経過しましたが，この間，繊維関連の教育環境は悪化する一方であり，繊維関連学問および技術の継承が危うくなりつつあります。故きを温ねようとしても，温ねるところがないという事態も起こりつつあります。特に，天然繊維に関してはこの傾向は顕著であり，「生きた知識」を学ぶことができないといっても過言ではないでしょう。

現在の繊維業界を取り巻く厳しい環境を切り拓くには，今後ともこのような研究会が必要であり，これまで培ってきた研究会の財産を無にすることなく，新たな目標に向けて人的財産を活用していくべきであることは，研究会員一同認めるところであります。このような理念のもと，研究会のメンバーが中心となり，これまでの研究会における知的財産が繊維産業および関連産業を担う若手の勉学に役立つことを願い，繊維応用技術研究会編 技術シリーズを発刊することとしました。

（編集委員長：上甲　恭平）

本書は，その第一巻として発刊するものであり，椙山女学園大学の「染色加工学（２年生）」のテキストを整理しなおしたものです。授業を履修している学生は，服飾分野を目指す学生ですが，化学を履修していない学生がほとんどですので，工学部の学生を教えるような物理化学的論述を中心とした教え方では全く理解されません。そのため，“染浴中の染料が繊維内部に拡散吸着する”過程を細かく分け，その過程ごとでの素現象を，できるだけ平易な言葉（日常使用される言葉）に置き換えながら説明するように心がけました。そのため，理論的には正確さを欠く表現も多々あるものと思われますが，その点はお許し願います。化学を学んだ方にも，まずは気軽に読んでいただき，さらに，詳しく理解したいと考えておられる方は，内容的には少し古くなっているものもありますが，参考図書として挙げている専門書を読んでいただけると，理解が深まるものと思います。

（著者：上甲　恭平）

第1章

「色」ってどのように見えるのか？

われわれが身にまとっている衣服には，さまざまな彩色がなされている。衣服だけではなく，われわれの生活を取り巻くすべてのものが「色」を持っている。色には，自然の色から人工的につけられた色までさまざまなものがあるが，この色のおかげでわれわれは快適な生活を営むことができている。染色の話を進める前に，まず物質の「色」とその見え方について簡単に整理してみる。

1-1　光がないと色は見えない

真っ暗闇の中では，色はわからない。また，まぶたを閉じてしまえば色は見えなくなる。図1.1のように，「光」「物体」「視覚」の三つが揃わないと色を感じることはできない。

人は，光の刺激に応じて色を感じている。光の波長によって決まった色を見ることができるが，光自体に色がついているのではない。また，物体にもそれ自体には色がついているわけではない。物体は，ある特定の波長の光を反射し，特定の波長の光を吸収する性質を持っている

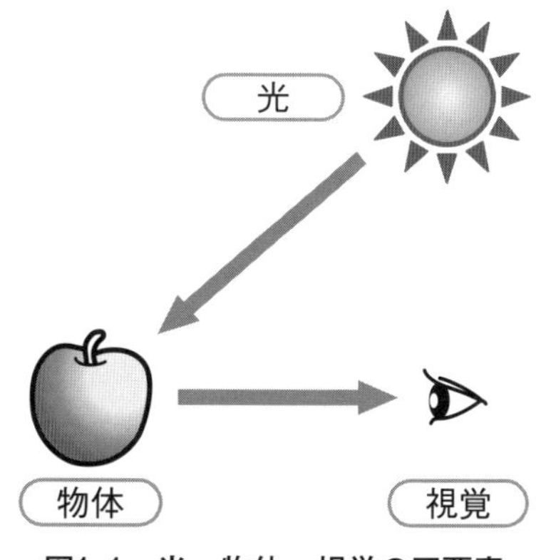

図1.1　光，物体，視覚の三要素

にすぎない。つまり，色は光が目に入ってはじめて認識される。目に入った光は，網膜上の錐体と呼ばれる器官で受け取られ，脳に情報が運ばれる。そして，波長ごとに固有の色を脳の方で判断しているのである。

1-2 見える光：可視光線

自然の光源は太陽光である。太陽光とは，太陽が放つ光であり，日光ともいう。地球に到達する太陽から放射される電磁波のほぼすべてが光である。光は電磁波の一種で，波の性質を持っている。

人間が目で見ることのできる光，いわゆる可視光と呼ばれるものは約380〜780nm（ナノメートル）の波長であり，その波長によって決まった色を見ることができる。太陽光を図1.2のようにプリズムに通すと，虹のような色の帯ができる（このことを発見したのは，万有引力を発見したニュートンである）。この色の帯をスペクトルと呼ぶ。スペクトルが人間の目で見えるということは，上で述べたように，この特定の波長が人間の網膜に刺激を与えて色と

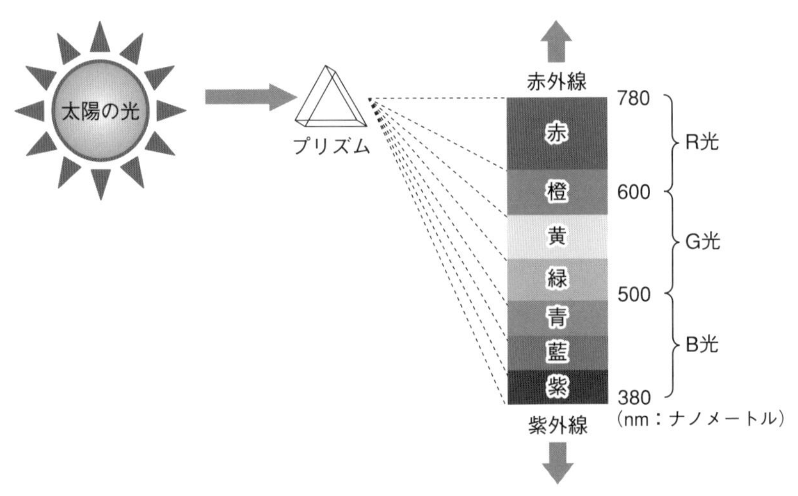

図1.2　可視光線とスペクトル

して感じさせているためである。

スペクトルは，赤・橙・黄・緑・青・藍・紫の順に並んでいるが，これはそれぞれの波長の長さが違うために生じる現象である。したがって，物体で反射され，視覚で色として認識される光は，（単一波長の人工光を除いて）さまざまな波長成分の光が混じり合っていることになる。図1.2に示したように，たとえば，個人差はあるものの，だいたい赤なら610〜780nm，黄色なら570〜590nm，青なら430〜460nmという具合である。

なお，光には目に見える可視光線以外に，可視光よりも波長の短い紫外線，波長の長い赤外線も含まれている。これらの光は目では見ることができないが，われわれの生活に深く係わっている光成分である。

1-3　モノの色

われわれの身の回りのモノには，色がついているように見える。これら物体の色が，光と物質の作用によるものであることはすでに述べた。この物体の色は，主に三つの仕組みによって出る（図1.3）。

Notes

「波長」という言葉が出てきたことでもわかるように，光は空中を飛び交っているさまざまな電磁波のうちの一つである。電磁波の中には，波長が数千kmにもおよぶ電波から，十億分の1mm以下のγ（ガンマ）線まで，さまざまな種類がある。光は波の性質を持っており，波の谷から谷（山から山）までの距離を波長という。

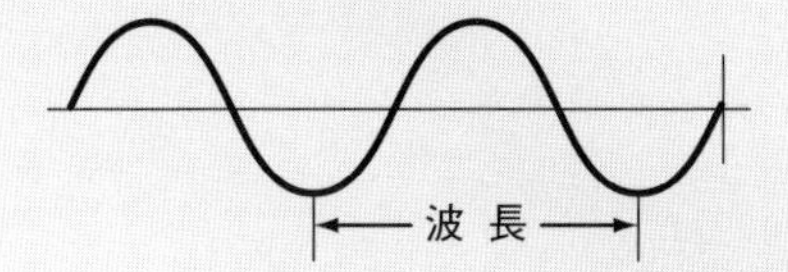

nm（ナノメートル）：長さの単位：$1\,\text{nm} = 10^{-6}\text{mm} = 10^{-3}\mu\text{m}$

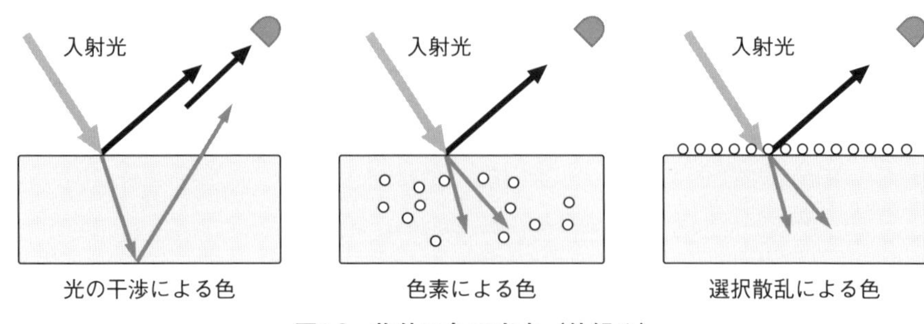

図1.3 物体の色の出方（仕組み）

1-3-1 色素による色

身の回りにある多くのモノの色は，色素によるものである。モノに含まれる色素（可視光の吸収，あるいは放出により物体に色を与える物質の総称）が，一定の波長の光を反射して他を吸収することによって，モノは反射した波長の色となる。たとえば，赤い物体は物体に含まれる色素が赤の光を反射して，その他の青や緑の光を吸収するので赤く見える。

1-3-2 選択散乱による色

光の波長よりも小さい粒子があると，波長の短い青が波長の長い赤に比べて優先的に散乱する現象がある。この光の特殊な散乱をレイリー散乱と呼んでいる。自然には，この散乱により青く見えるものもある。その代表例が空の青さである。青空の色は，空気中のガス（窒素や酸素）の粒子によって，波長の短い青が波長の長い赤に比べて優先的に散乱したものである。夕焼けや朝焼けには空が赤くなるが，これは太陽と観測者との間に存在する大気の距離が日中と比べて長くなり，散乱を受けにくい赤色が届くことによる。また，光の波長と同程度の粒子（散乱体）による光の散乱は，ミー散乱と呼ばれる。雲が白く見えるのは，ミー散乱によるものである。

その他には，鳥の羽の色が挙げられる。カケスという鳥の羽が青く見えるのは，羽の黒い層の上にある小さな気泡やケラチンにより青い光が散乱するためである。

1-3-3 光の干渉による色

光が，水面に見られる波と同様の性質を持つことは述べた。今，静かな池に小石を投げると波が広がる。また，少し離して小石を二つ投げると，二つの波が広がる。よく見ると，波が重なった部分では，元の波より高くなったり低くなったりしている。この現象を波の干渉と呼ぶ。光においても，二つ以上の光が重なると，水の波と同様に干渉し合う。光の波がお互いに干渉し，弱めあったり強めあったりして見える色を干渉色という。シャボン玉は本来無色であるが，見る角度によっては虹色に見えることがある。この虹色が干渉色によるものである。

われわれの身の回りには，この干渉色によって色のついたモノも多く見られる。自然界では，昆虫の翅（モルフォチョウ，タマムシなど），魚の体色（サ

Notes

〈薄膜による干渉〉

・シャボン玉：シャボン玉の表面で反射した光と，膜を通って膜の裏側で反射した光の干渉による。

〈多層膜による干渉〉

・アワビなどの貝殻：内側が虹色をしている。ウロコのような薄くて固い物質が積み重なっており，その厚さが光の波長程度で，段々畑のような所で反射した光が干渉して，虹色に見える。

〈微細な溝・突起などによる干渉〉

・モルフォチョウ：蝶の翅に，光の波長程度の間隔で並んでいる板状の鱗粉に当たって反射した光の干渉による。
・コンパクトディスク：穴のないところで反射した光と，穴に入って反射した光が干渉して虹色に見える。

〈微粒子などによる干渉〉

・宝石のオパール：規則的に並んだケイ酸塩の微粒子によって光が干渉し，見る角度によってさまざまな色彩が見られる。

ンマ，イワシなど），アワビなどの貝殻，鳥類の羽（クジャクやカワセミなど），また人工のモノでは，コンパクトディスク，金属製品の酸化発色，テキスタイル（モルフォテックス）などが挙げられる。

干渉色の特徴は，見る角度によって色が異なることである。上で述べた色素や散乱の色は，方向とは無関係でどこから見ても同じ色であるが，干渉色による色は見る角度によって変わる。

以上のような仕組みにより色が見えることは理解できたと思うが，本題の染色による「色」は，1-3-1項にて説明した「色素による色」である。では，この色素による色はどのようにして測定されているのかについて簡単に触れる。

1-4 色はどのようにして測定するのか

色は，光が目に入ってはじめて認識されることから，物体に反射された光（反射光）や物体を透過した光（透過光）を見ていることになる。色を表わすことは，反射光や透過光を測定することからはじまる。染色化学においては，使用される色素（染料）の濃度や繊維の染着量などを科学的に測定することが基本となる。ここでは，色素（染料）溶液中の色素濃度の測定と，繊維表面の色素濃度の測定について述べる。

1-4-1 溶液の色の測定（透過光）

色素溶液中の色素濃度の測定は，通常，色素溶液を石英の容器（セル：一般のガラスやプラスチックでは紫外線が吸収されるので，吸収のない石英を使う）に入れて，一定の強さ（I_0）の光（入射光）を当て，透過して出てきた光（透過光）の強さ（I）を測定することによって行われる（図1.4）。

入射光には，いろんな波長の光が含まれている。この光は，染料溶液を透過する際に，染料分子によってある波長の光が吸収される。したがって，透過してきた光（透過光）は，染料分子に吸収されなかった波長の光の集合である。この光の集合を波長ごとの光に分け，それらの強さと波長の関係で表わしたも

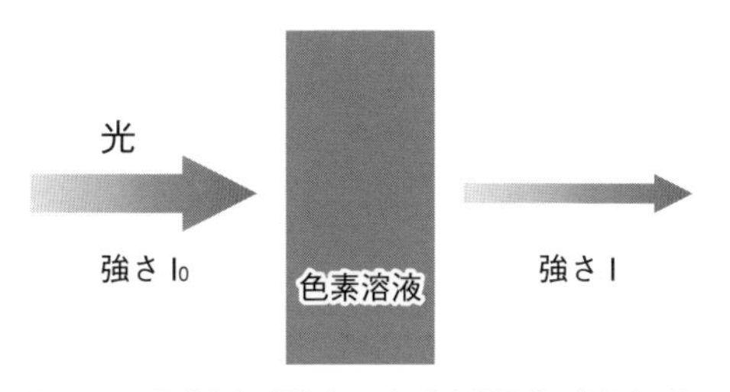

図1.4　入射光（強さ I_0）と透過光（強さ I）

のをスペクトルと呼ぶ。

図1.5は，Orange Ⅱと呼ばれる最も簡単な構造を持った染料（酸性染料）の透過スペクトルである。長波長側の黄色から赤色（600nm 付近）の波長は，透過率がほぼ100%を示しており，この染料はこの領域の波長を吸収しないことがわかる。この図からわかるように，この染料の特徴は480nm 付近の波長の光を吸収することにある。このことを利用すれば，この部分の透過率はその染料の量により異なると予想される。ところが，染料の量（濃度）と透過率の関係を測定すると，残念ながら比例関係にない。しかし，光を吸収する性質を用いて染料の濃度を測ろうとする試みは続けられ，ランバートとベールという研究者により解決された。

詳しい説明は省略するが，ランバートとベールは，吸光度（A）なるものを

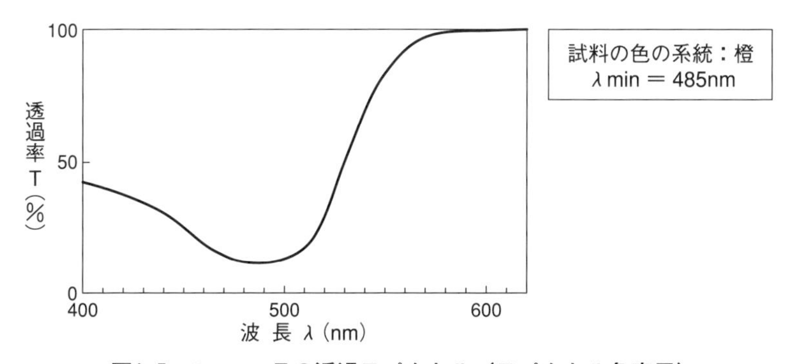

図1.5　Orange Ⅱの透過スペクトル（スペクトル色表示）

定義し，

$$A = \log (I_0/I) \cdots\cdots\cdots\cdots \text{（式1.1）}$$

と表わした。

図1.5の関係を吸光度に変換して表わすと，図1.6のようなスペクトルが得られる。このスペクトルを吸収スペクトルと呼ぶ。

吸光度の最も高くなる波長を，最大吸収波長（λ_{max}）と呼ぶ。λ_{max}での吸光度Aと染料濃度（mol/ℓ）との関係を求めると，図1.7のような直線（比例）

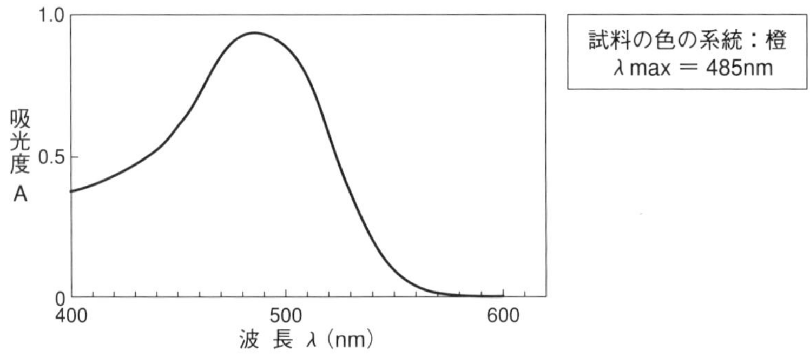

図1.6　可視吸収スペクトル（スペクトル色表示）

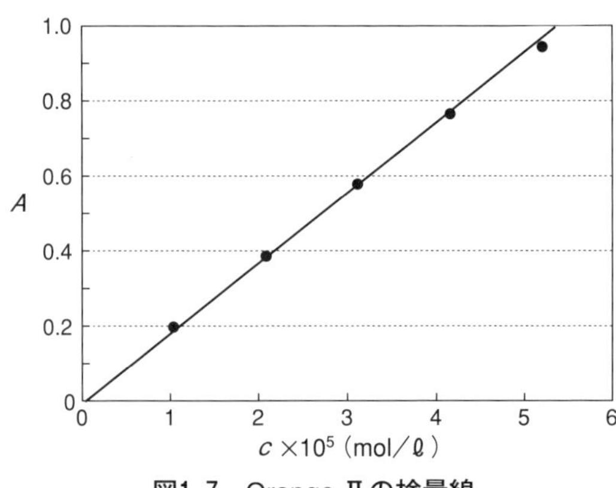

図1.7　Orange Ⅱの検量線

関係が得られる。これは，Aを求めれば，染料溶液の濃度を求めることができる。この図のことを「検量線」という。

直線関係が得られたことを言い換えると，吸光度Aは溶液層の長さに比例し，着色成分の濃度cに比例する。すなわち，

$$A = \varepsilon \cdot c \cdots\cdots\cdots\cdots \text{（式1.2）}$$

で表わされ，ε（イプシロン）は比例定数であり，濃度cがモル濃度の場合，モル吸光係数と呼ぶ。この法則をランバート・ベールの法則と呼び，広く応用される基本的な法則である。

1-4-2　物体表面上の測定（反射光）

表面の色濃度の測定は，透過による色濃度の測定に比べ，少し複雑である。ある物体表面に光を照射した場合，その光は物体に吸収されるものと表面で反射するものに分かれる。たとえば，物体表面が黒い場合，照射した光の大部分が吸収され，反射する光量は非常に少なくなる。逆に，その表面から反射する光が多いと白っぽく見える。

このような物体表面による光の反射には，2種類の反射が含まれる（二色性反射モデル）。一つは入射光を鏡のように反射するもので，界面（鏡面）反射と呼ばれる。この反射光は反射角が限られていて，かつ波長に非選択的であることが多い。もう一つの反射は，入射光が物体内部の粒子間を反射した後，外部に出てくるもので内部（拡散）反射と呼ばれる。内部反射は，すべての反射角に均一に反射し，また物体表面固有の分光反射率を示す。この内部反射の分光分布c（λ）は，入射光の分光分布e（λ）と物体表面の分光反射率s（λ）の積で，

$$c = s \cdot e \cdots\cdots\cdots\cdots \text{（式1.3）}$$

と表わされる。

実際の測定は，条件の定められた光を物体に当てて，その際に反射する光量

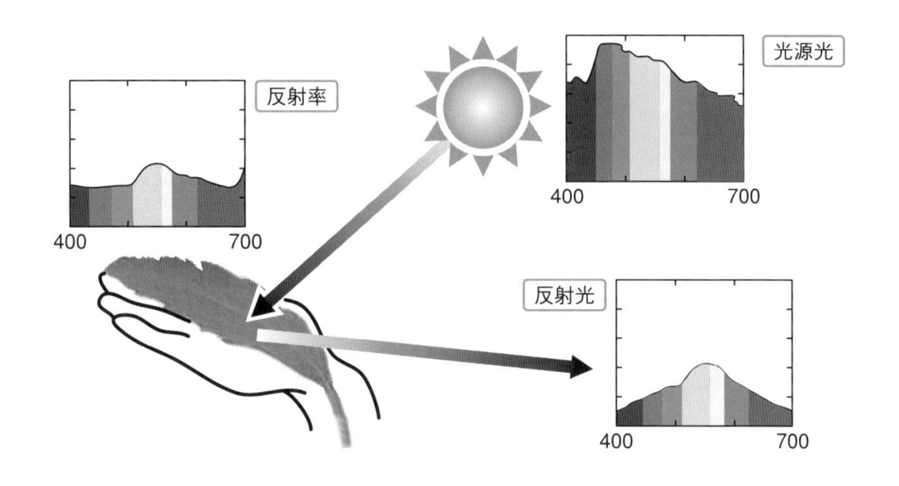

図1.8 反射光と反射スペクトル

の割合を反射率として測定される。測定結果は，透過光同様に波長ごとに分けて表わした反射スペクトルとして表わされる（図1.8）。

測定された表面反射率（％）が，表面の色を表わす指標として用いられることがある。その場合，真っ黒の物質は反射率が０％，酸化マグネシウムを固めた平たい固体表面の反射率を100％として，その間にあるものを反射率の値で評価する。しかし，反射率は透過率と同様に表面の色濃度と比例関係にはない。そのため，表面反射率と表面の色濃度とを直接結び付ける変換式を用いる必要がある。この変換式は，クーベルカとムンクにより導かれた，

$$K/S = (1-R)^2/2R \quad \cdots\cdots\cdots\cdots \quad (式1.4)$$

Kubelka-Munk 式がよく用いられる。

R は反射率を表わし，100％を１で表わす。すなわち，R＝1の場合には K/S＝0となり，R＝0.5の場合には K/S＝0.25，R＝0.25の場合には1.125となる。したがって，R＝0.5と R＝0.25との間で4.5倍の差があることがわかる。

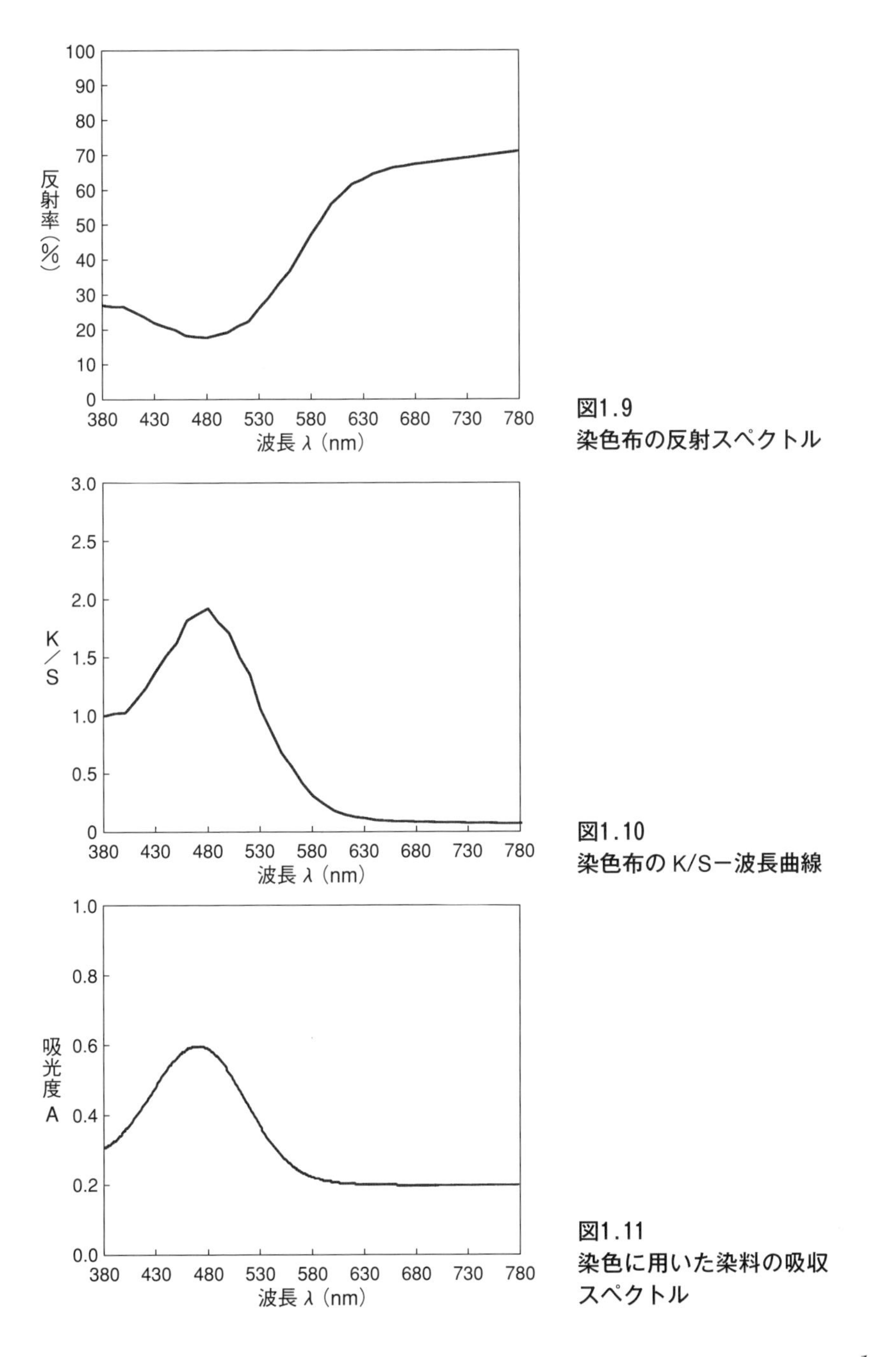

図1.9
染色布の反射スペクトル

図1.10
染色布の K/S－波長曲線

図1.11
染色に用いた染料の吸収スペクトル

図1.9に，酸化染料で染色した羊毛染色布の反射スペクトルを，図1.10に反射率をK/Sに変換したK/S－波長曲線を示した。ここで注意すべきことは，反射スペクトルは透過スペクトルと異なり，基質の元の色あるいは表面の平滑性により，反射してくる光が微妙に変化することである。図1.10のK/S－波長曲線は，基質である未染色布のK/S－波長曲線を差し引いた曲線であるので，染色に用いた染料の吸収スペクトル（図1.11）と一致すべきである。しかしながら，図1.10と図1.11ではλ_{max}の波長がずれているように，染料の吸着状態による吸収特性の変化や，内部反射の仕方による干渉効果などの要因が複雑に絡み合い，必ずしも一致していないことがある。

第2章

「染料」ってどんなモノ

第１章で，身の回りにある多くのモノの色は色素によるものであり，色素とは可視光の吸収あるいは放出により物体に色を与える物質の総称であると説明した。この色素による色には，天然のモノや人工的に着色されたモノが含まれる。人工的に着色，あるいは彩色に用いられる色素は色材とも呼ばれるが，一般的には染料と顔料に分類される。

2-1 染料と顔料

繊維の着色には，染料と顔料のいずれも用いられるが，染色の分野では繊維等の素材に親和性を有し，水その他の媒体から選択的に吸収されて染着する能力を有する色材を「染料」と呼び，それ自身のみでは繊維その他の素材に対して染着性を持たない色材を「顔料」と呼んでいる。この染料と顔料の違いを布の着色現象では，次のように説明することができる。

赤い染料を水に溶かすと，染料分子は単分子状態で溶解する。これを白い布に塗り，エネルギーを与えると，染料分子は繊維内部に収着[注)]して赤く着色する。一方，顔料は水に溶けない色素なので，顔料分子は水に入れると分子が集まって小さな粒子状態で分散するように製品化したものが使用される。この分散状態[注)]の顔料液を布に塗り，エネルギーを与えても，顔料粒子は繊維表面に付着（吸着[注)]）したままで，見掛け上は赤く着色するが，洗濯や摩擦によって

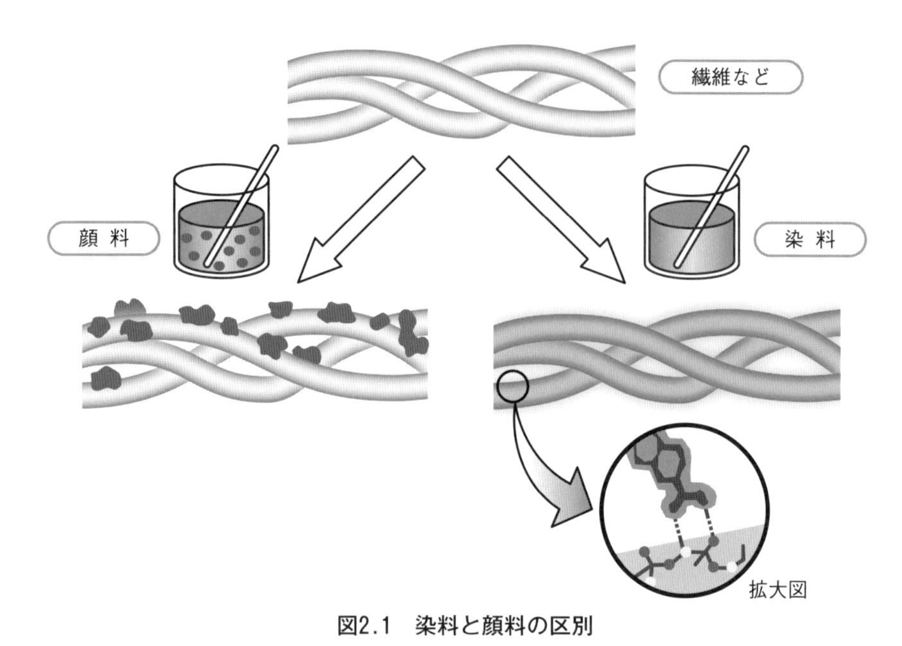

図2.1 染料と顔料の区別

容易に脱落する。この関係を図示すると図2.1のようになる。ここに示した染料を用いた着色現象が，染色と呼ばれる。

注）染着，収着，吸着，分散などは今後頻繁に出てくるが，これらの用語と意味については後ほど説明するので，ここでは「このような用語を使うのだ」として記憶していただければよいかと思う。

では，まず染料について簡単に説明する。

2-2 染料の種類

染料は，その起源から天然染料と合成染料に類別される。有史以来19世紀中頃まで，染色はすべて天然染料が用いられた。このうち，今日まで引き続き用いられているものは，品種も少なく用途も工芸染色などの特殊分野に限られてしまっている。現在利用されている染料のほとんどは，合成染料である。

2-2-1　天然染料

⑴ 動物染料

動物界から得られる染料を動物染料という。数は少ないが，古代紫，コチニールなどが著名である。コチニールは，中南米に産するサボテン科の植物に寄生するエンジムシ（カイガラ虫の一種）の雌虫を粉末にした紅色染料である。

また，古代紫は，B.C.1500年頃にフェニキア人が発見したといわれており，地中海沿岸に産する巻貝ムレックス（Murex）の分泌する黄色液中に含まれ，これを酸化すると美しい紫色染料となるために古くから珍重された。近年になって，この染料は建染染料の一種，6.6-dibromoindigo であることが確かめられた。黄色液は還元ロイコ体である。

⑵ 植物染料

植物界から得られる染料を植物染料という。歴史的に著名な藍（アイ）をはじめとして，わが国の古代染色である「草木染め」に用いられた多くの染料もこれに属する。

高等植物の根（アカネ，ウコン，ムラサキなど），樹幹（スオウ，ログウッドなど），樹皮（カテキュー，ケルセチンなど），葉（アイ，カリヤスなど），花（ベニバナなど）に含まれる色素が用いられた。

これらの染料のうち，アイはインジゴに，アカネはアリザリンに，それぞれ置き換えられ，合成染料の発明以前に保った地位を，その主成分の純粋合成品に完全に奪われてしまった。

今日，わが国ではスオウ，カリヤス，ウコンなどが種々の媒染剤を用いて多色染めに供され，郷土色豊かな工芸染色に使用されている。

⑶ 鉱物染料

無機顔料による繊維の着色を試みた原始時代はともかく，今日は主として，有機物による染料が主体となっているので，現在のところ，この分類で特記すべきものにはミネラルカーキしかない（しかし，現在行われている顔料樹脂捺染や，原液染めなどが堅牢な染色法の一部として進歩すれば，多くの無機顔料はやがて広義の鉱物染料と考えられるかもしれない)。

2-2-2 合成染料

1856年にイギリスの化学者ウィリアム・パーキン（W. H. Perkin）は，マラリアの予防薬であるキニーネを合成しようとしていて，不純なアニリンを二クロム酸カリウムで処理したところ，羊毛や絹を染色できる紫色の生成物を偶然発見した。この物質はモーヴと名付けられ，世界初の合成染料として量産され，モーヴで染色した絹織物がナポレオン3世の宮廷で大流行となり，事業は成功した。これ以後，多くの化学者が染料合成に参入，1858年には，ジアゾニウム塩とそのアゾカップリング反応が発見され，多種多様なアゾ系色素合成の基礎となった。1869年には，カール・グレーベ（Karl Gräbe）とカール・リーバーマン（Karl Liebermann）によってアカネ色素アリザリン（1,2-ジヒドロキシアントラキノン）が合成されて，キノン系色素合成の端緒となった。さら

Notes

主な染料の開発の歴史

1856年　塩基性染料　Mauve（Perkin）（最初の合成染料）
1860年　酸化染料　Aniline Black（Calvert）
1862年　酸性染料　Soluble Blue（Nicholson）
1878年　建染染料　Indigo （Bayer）
1883年　硫化染料　Vidal Black（Vidal）
1884年　直接染料　Congo Red（Boettiger）
1889年　酸性媒染（クロム）染料　Diamond Black F（Lauth, Krekeler）
1901年　建染染料　Indanthrene Blue RS（Bohn）
1912年　ナフトール染料　Naphthol AS（Griesheim Elektron）
1915年　金属錯塩染料　Neolan（Ciba）
1923年　分散染料　SRA（British Celanese）Dispersol, Duranol（BDC）
1940年　蛍光増白剤　Blankophor（IG）
1951年　金属錯塩染料　Irgalan（Geigy）
1954年　羊毛用反応染料　Remalan（Hoechst）
1956年　セルロース繊維用反応染料　Procion（ICI）

（出典：住友化学ホームページ）

に，1880年には有機化学の諸分野をリードしたアドルフ・フォン・バイヤー（Adolf von Baeyer）により，アイの青色色素インジゴの合成が達成された。その後，20世紀の初めにかけて，現在使用されている各種の色素母体を持つ合成染料が次々に生産されるようになると，天然色素は生産量が限られることや値段の高さから駆逐されていった。

2-2-3　染料分子の化学構造の特徴は？

天然染料であれ合成染料（顔料）であれ，可視光の一部を吸収して残りの光を反射することで「色」が見えることには変わりはない。可視光の一部を吸収するためには，化学構造に一定の決まりが存在する。つまり，染料分子は一定の決まりを持つ（少しむずかしくなるが，電子共役系構造で構成されている）分子である。すでに述べたように，これまでに各種の染料母体を持つ合成染料が生産されてきたが，一定の決まりを持つ構造（電子共役系構造）にはさまざまな構造が存在しており，それらの母体を用いた染料は色のみでなく他の染料

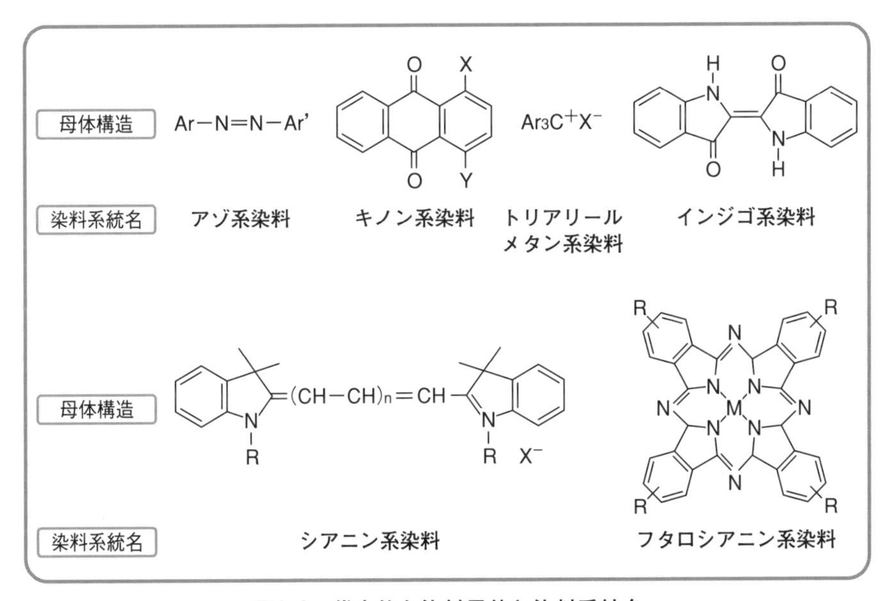

図2.2　代表的な染料母体と染料系統名

特性を備えたもののみが，染料として生産されたと理解してもらえればよい。

図2.2に，代表的な染料母体と染料系統名を示した。

では，“なぜこのような構造を持つことで可視光を吸収するのか”に話を進めたいが，やさしく説明することは容易なことではなく，かなりややこしい話になる。ややこしい話が苦手な人は，次項に「光の吸収と電子系の振動との関係」を概説しているので，その内容を理解していただければよいかと思う。

2-2-4 色があるってことは

染料の色は，染料分子の化学構造の電子系（後述する）で説明できる。合成染料の出現以降，有機化合物の色と染料分子の化学構造との関係を明らかにしようとする種々の研究が行われており，さまざまな説が提案され，説明が試みられてきた。今日では，発色は近似的には染料分子の持つπ電子（後ほど説明する）に係わり，電子系の振動（この点についても後ほど説明する）が可視光の特定波長の光のエネルギーを吸収することによって生じることがわかっている。

まず，光であるが，光は波と粒子の性質を持ち合わせており，分子の電子系の振動を引き起こすのは粒子の性質による。光を粒子として扱う場合，光を光子と呼ぶが，光子1個の持つエネルギーEは，プランク定数h，振動数ν，光速度c，波長λを用いて，

$$E = h\nu = h\frac{c}{\lambda} \quad \cdots\cdots \text{（式2.1）}$$

で表わされる。

光が当たると，すなわち光子が分子に衝突すると，電子が光子1個を吸収し，そのエネルギーが電子自身の運動エネルギーに変換され，分子の電子系が振動することになる。この電子系の振動エネルギーには幅があり，分子の構造によってエネルギー準位帯の異なるπ電子系が構成され，それぞれのエネルギー準位に相当する可視光が吸収されるため，染料分子によって色が異なることになる。

吸収される可視光の波長は，光子を吸収する前後の分子のエネルギー水準の差（$\varDelta E$）で決定される。すなわち，光子を吸収した染料分子のエネルギー水準を Ee とし，吸収前の基準のエネルギー水準を Eg と表わすと，Ee − Eg = $\varDelta E$ に相当するエネルギーを持つ波長の光が吸収される。

分子1個当たりのエネルギーと波長（nm）の関係を表わすと，

$$\varDelta E = (28.6351/\lambda) \times 103\,\mathrm{kcal/mol} \quad \cdots\cdots \text{（式2.2）}$$

となり，この式より計算すると，可視光（380〜780 nm）を吸収するためのエネルギーは35.8〜71.6 kcal/mol となる。このエネルギー範囲は，分子内の π 電子系でのエネルギー準位帯に対応する。エネルギー差 $\varDelta E$ は，分子の構造および環境によって定まることがわかっている。そのため，吸収波長も分子構造によって決定される。

次項では，色素分子の可視光吸収についてもう少し詳しく説明していくことにする。

2-2-5　分子はどのように光を吸収するのか

では，なぜこのような構造を持つことで可視光を吸収するのかを，簡単に説明したい。染料分子は炭素，酸素，水素といった原子で構成された多原子分子である。原子は原子核と電子で構成されており，マイナスの電子はプラスの原子核の周りを決まった範囲（電子殻と呼ぶ）で運動している。この電子が光のエネルギーを吸収する。この電子は殻内を好き勝手に動き回っているのではなく，動き回る道は決まっている。しかし，その道上での電子の位置を決めることができないため，電子が動き回る道筋を雲（電子雲：球形）のように描き，その電子雲のことを原子軌道（図2.3）と呼ぶこととした。

電子雲は連続したものではなく，エネルギー準位に異なる雲が積み重なったものとして捉え，最も安定（最低エネルギー準位）なのは中心にある原子核に最も近い雲であり，1 s 軌道と呼ぶ。この軌道にいる電子は，原子核のプラス電荷に最も強く引き寄せられ，容易に飛び出すことのできない電子である。言

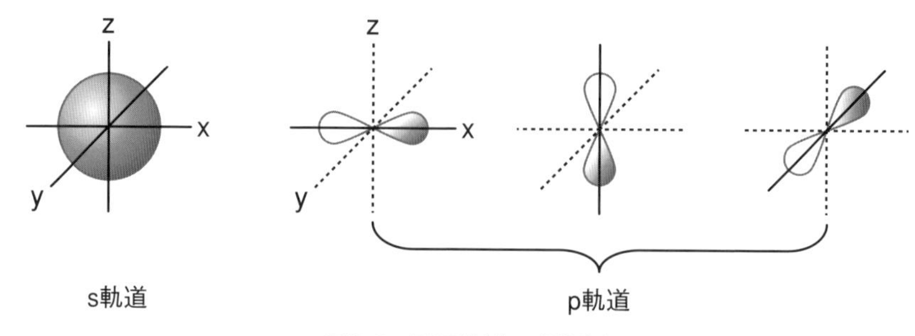

図2.3　原子軌道の種類例

い換えると，少々のエネルギーでは影響されない電子であるといえる。また，これらの軌道には入れる電子の数が決まっており，それ以外の電子は１s 軌道よりもエネルギー準位の高い２s 軌道に，さらに，エネルギーの高いｐ軌道に入ることになる。ｐ軌道には，等しいエネルギーを持つ三つの軌道が存在する。

このように，電子は入る軌道に応じたエネルギーを持つことになる。一方，光も波長に応じたエネルギーを有している。そのため，光のエネルギーに応じたエネルギー準位の電子は，その光を吸収することができる（光を吸収した電子は，よりエネルギー準位の高い軌道に移る）。可視光は380nm から780nm の波長で構成されていることから，これらのエネルギーを吸収するには幅広いエネルギー準位の電子の存在が必要となる。ところが，染料を構成している原子（水素，酸素，炭素，窒素，硫黄）の電子は，これらｓおよびｐ軌道に入っており，これらの原子はこれらの軌道のエネルギーに相当する光のエネルギーを吸収できるが，エネルギーの幅は狭く，図2.4のように可視光のほんの一部が吸収されただけである。そのため，構成原子１個ではそのエネルギー準位が限られ，われわれの目にはほとんど色は見えない。

つまり，人間が色を感じるためには，図2.4のような鋭い吸収ではなく，もっと幅広く図2.5に示したように，ある波長付近の光をごっそりと吸収してもらうことが必要となる。このためには，先ほど述べたように一定の決まりを持っ

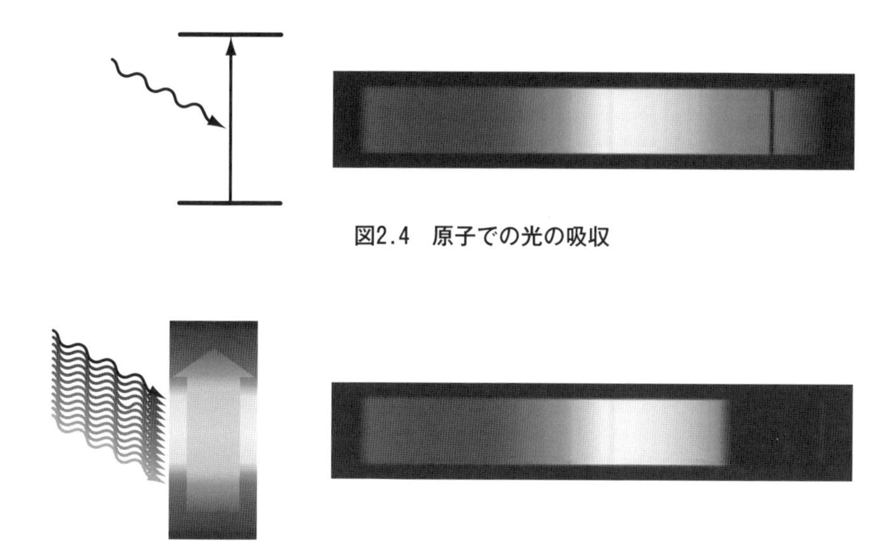

図2.4　原子での光の吸収

図2.5　原子での電子による光の吸収

た分子（原子の集団）とすることで，このような吸収の幅を広げることが可能になる。基本的に，複数の原子がつながって分子を形成すると，原子１個だけの時と違って原子そのものが振動や回転などの複雑な運動を起こすようになる。２個の原子間の距離が伸びたり縮んだりし（伸縮運動），３個の原子が作る角度が変化したり（変角運動），ある結合を軸にして原子の集団がグルグル回ったり（回転運動）とさまざまな運動パターンがあり，それぞれが運動の激しさに応じていろいろなエネルギーを持つ（このエネルギーも飛び飛びになっている）。そのため，分子が光を吸収する時には，電子の持つエネルギーだけでなく，これらの振動や回転のエネルギー状態も一緒に変化するので，分子のエネルギー状態は原子１個の時の単純なかたち（図2.4）ではなく，図2.6のように微妙に違った多くの状態の寄せ集めになる。

さらに，原子の集合体では，また別の効果も起こる。各原子のエネルギー状態がお互いに影響し合って，もともと１種類であった状態がいくつかに分かれ，さらに多くのエネルギー状態が形成される。このように原子が結合して分

図2.6　原子の集合体での光の吸収

子になると，多くのエネルギー準位が存在することになり，もはや吸収できる光の波長は１種類だけではなくなる。つまり，幅広い波長の光のエネルギーに対応して，それぞれのエネルギーを吸収した電子が軌道より飛び出し，より準位の高い軌道に飛び込むことができるようになる。その場合，どこから出発してどこに飛び上がるかで，少しずつ違ったさまざまな波長の光が吸収されることになる。さらに，分子の構造が複雑になったり，より多くの原子で構成されたりすると，エネルギー状態の数も増えて，その状態がほとんど連続的になってくる。それに伴って，吸収される光の波長もほぼ連続的になり，たとえば図2.5のように赤の領域がすべて吸収され，赤の補色のシアン色が見えるようになる。

2-2-6　色がつく分子とは

それでは，分子であればどの分子でも色がつくのかというと，そうではない。染料の原料となるベンゼンが無色であるように，大半の分子が吸収する光の波長は紫外線の領域にある。そのため，幅広い吸収を起こしても色付いては見えない。ところが，染料や顔料のような色付いたモノ（色素）には，光の吸収が可視光線の領域に入ってくるそれなりの理由がある。

では，その理由，つまりどのような分子であれば色付いて見えるのかであるが，この理由（分子の構造）を説明するには，分子が持つ電子の存在場所（分子軌道）を知っておく必要がある。以下に，まず簡単に分子軌道について説明する。

⑴ 分子軌道

原子に原子軌道があることは，すでに述べた。とすれば，分子は原子と原子を組み合わせることによってできていることから，原子軌道とは異なる軌道（分子軌道と呼ぶ）が存在することは容易に想像がつく。この分子軌道は，原子軌道と原子軌道が組み合わさってできているが，ただ単純に組み合わさるだけではなく，原子軌道どうしが相互作用して新たなかたちを持った分子軌道ができている。ここはたいへん複雑な話であるので，その触りだけに留めることにする。

まず，原子どうしが近付くと，それぞれの原子軌道が重なり合うことにより相互作用が生じる。そのようすを図2.7に，原子軌道とその相互作用の仕方について概略を示した。図中の(a)〜(c)のように原子軌道どうしの相互作用をσタイプと呼び，それによってできた結合をσ結合と呼ぶ。それに対して，(d)のようにp軌道どうしが近付くことで生じる相互作用をπタイプの相互作用と呼び，これによってできる結合をπ結合と呼ぶ。一方，(e)や(f)のような近付き方をすると，いっさい相互作用をしない。すなわち結合は作らない。これ

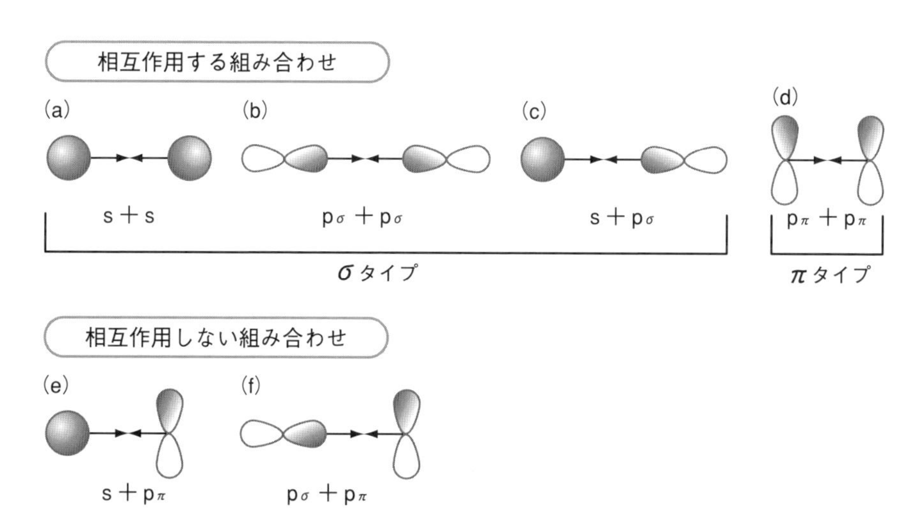

図2.7　1：1で相互作用する軌道の組み合わせと，相互作用しない軌道の組み合わせ

は，二つの原子軌道どうしを重ねてみればわかるが，相互作用する組み合わせの場合，「黒い部分と黒い部分が重なる部分」と「白い部分と白が重なる部分」の割合が1：1になっているのに対して，「黒い部分と黒い部分が重なる部分」をプラス，「白い部分と白い部分が重なる部分」をマイナスと仮に考えると，相互作用しない場合はお互いで相殺してしまっているからである。

(2) エチレンの分子軌道

ここで，ここまでの話を踏まえた上でエチレンの分子軌道を考えてみる。なぜ，エチレンなのかということについては，あとでわかるが染料分子にはエチレンと同じ二重結合が多く存在しており，この二重結合が色付きに深く関係しているからである。

エチレンの分子構造は，図2.8のように表わされる。炭素は6個の電子を持っており，1s，2s，2p軌道に2個ずつ入っているが，1sの電子は安定で結合には関与しないので，2sと2pに入っている電子4つが相互作用に関与する。この二つの炭素原子が近付くと，炭素原子のs軌道およびp軌道どうしが，図2.7に示された相互作用をする。軌道の重なりの結果，二重結合の一つの結合は，2sと2pの2個の軌道を使って3個の軌道（sp2混成軌道と呼ぶ）が作られ，その中の三つの電子が炭素1原子と水素2原子と結合する。この結合はσ結合であり，結合エネルギーが高く安定した結合である。この混成軌道には三つの電子が使われたので，あと一つ電子が余っている。この電子はp軌道に存在しており，このp軌道どうしが近付くと図2.7(d)のようにπタイプの相互作用することで，π結合を形成する。

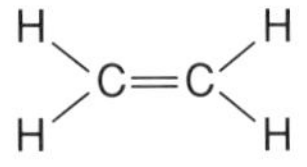

図2.8 エチレンの構造

ここで，σ結合（相互作用）とπ結合（相互作用）の強さを比べると，σ結合の方がπ結合よりも軌道間の重なりは大きく，相互作用も強くなっていることがわかっている。すなわち，エチレンの炭素どうしは強いσ結合と弱いπ結合でつながっているといえる。このことが重要で，光を吸収する現象との関係に置き換えると，σ結合の電子も光を吸収するが，強い結合で安定であることから，図2.4に示したように，その結合に関与している電子をより高いエネルギー準位まで飛び上がらせるには，波長が短くエネルギーの高い紫外線が必要となる。言い換えると，紫外線しか吸収しないことになる。一方，π結合の電子は原子核から離れており，エネルギー的には高く容易に動ける状態にあるので，少しのエネルギーで動くことになる。

この現象は，πタイプの相互作用をする場合，２種類の相互作用の仕方があることを理解しておく必要がある。一つめは二つのｐ軌道が同じ方向に向いている結合性相互作用（π1）と，二つめは反対方向に向いている反結合性相互作用（π*2）である。それらによってできた新たな軌道をそれぞれ結合性軌道，反結合性軌道と呼ぶ。図2.9を用いて説明すると，黒い部分どうしあるいは白い部分どうし（同位相と呼ぶ）が相互作用する時が結合性相互作用であり，白い部分と黒い部分（逆位相）が相互作用する時が反結合性相互作用となる。この二つを比べると，常に結合性軌道の方が，エネルギーが低くて安定と

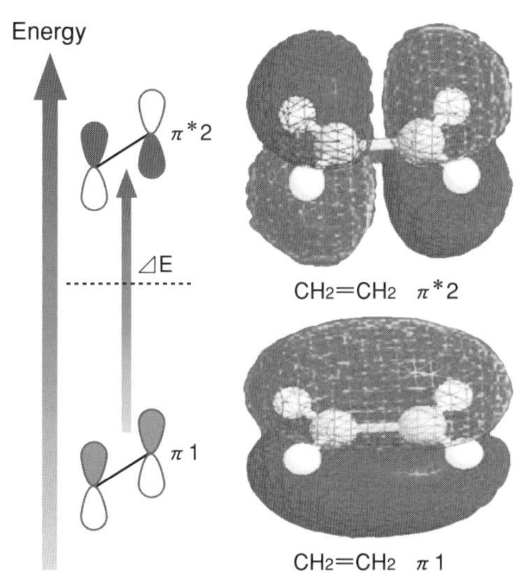

図2.9　二重結合におけるπタイプの相互作用

なっている。p 軌道には電子は二つあるので，一つの電子はエネルギーの安定した結合性軌道にいる。反結合性軌道（π^*2）では図2.9(a)のようにｐ軌道間に重なりはないが，結合性軌道では(b)のように，炭素－炭素 σ 結合を覆うように結合性軌道が重なっている。

このように，π タイプの相互作用に二つの軌道があることが理解できたと思うが，この二つの軌道が存在することが，よりエネルギーの低い光が吸収できることになる。すなわち，光を照射していない時には電子は結合性軌道（$\pi1$）の基底状態にいる。光を照射すると，電子は光のエネルギーを吸収して，反結合性軌道（π^*2）の高いエネルギー状態に移る（この状態を励起状態になるという）。これら二つの軌道間のエネルギー差が小さければ小さいほど，波長の長い光が吸収されることになる。

以上，説明したように，よりエネルギーの低い可視光線を電子が吸収する上で，π 結合はなくてはならない結合である。しかし，エチレンでは二重結合が一つしかなく，波長の短い紫外線でしか電子を動かすことができない。すなわち，可視光線を吸収するには π 結合を多く持った分子構造が必要となることがわかる。

(3) 電子共役系構造

では，π 結合を多く持った分子構造とはどのような構造であるかについて説明する。最も身近な二重結合を三つ持った化合物に，ベンゼンがある。ベンゼンは先ほども述べたように無色であるが，そこそこ波長の長い紫外線を吸収する（吸収する光の波長は，すべて紫外線の領域にある：図2.10)。そこで，ベンゼン環や二重結合をたくさん連ねてみると，どのようになるかである。たとえば，ベンゼン環が二つ連なったかたちをしているナフタレンや，三つ連なったアントラセンになると，図2.10に示したように吸収波長が次第に長くなってくるが，それでもまだ400nm に届かず，色はついていない。しかし，ベンゼン環が４つ連なったテトラセンのように分子が大きく，また二重結合が多くなると，400nm を超えて青色の領域まで吸収が伸びるので，青の補色の黄色

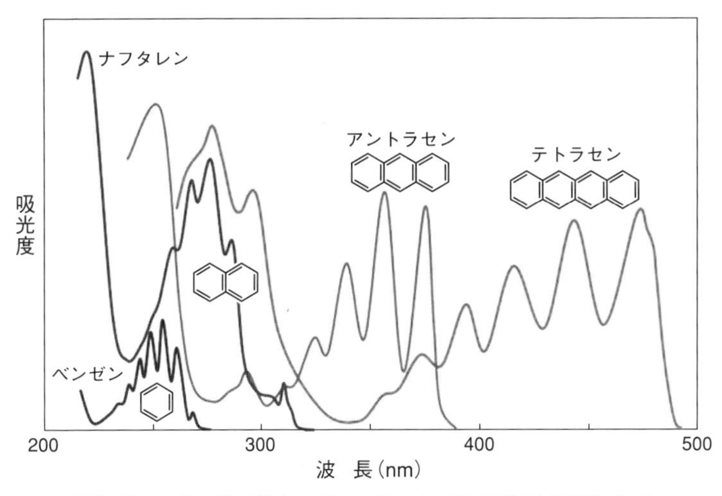

図2.10　ベンゼン環をつないでいくと吸収波長が変化する

に色付いて見えるようになる。

ここで，これらの分子構造をよく見てみると，単結合と二重結合が交互につながっていることがわかる。このように，複数の二重結合が単結合を挟んで交互に連なっている状態を共役二重結合と呼び，このような共役二重結合を持つ分子構造を電子共役系構造であるという。このような構造の場合，電子がはっきりとどこにあるかわからない（非局在化しているという），すなわち，分子中の電子がより広い範囲に広がって存在できるようになる。その結果，基底状態（最高占有分子軌道）のエネルギーが少し高くなる一方で，励起状態（最低非占有分子軌道）のエネルギーは逆に低く（つまり安定に）なり，エネルギー差が小さくなることで，より低いエネルギーの光を吸収できるようになる（光の波長では長波長に移動する）。

以上が，可視光線を吸収できる基本的な理由であり，さまざまな共役電子系構造の分子が設計・合成され，実用的に機能を満たしたものが合成染料あるいは顔料として応用されてきた。図2.11に工業的に使用されている染料の化学

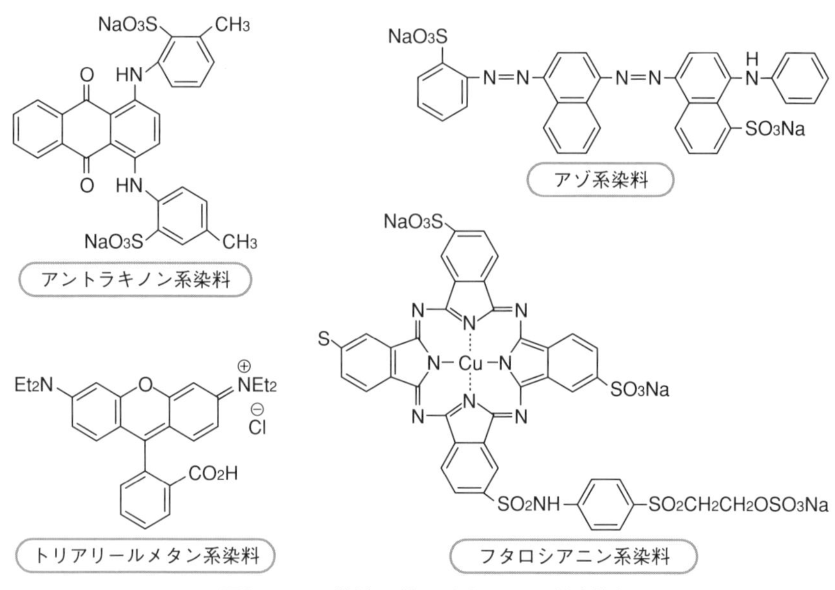

図2.11 工業的に使用されている染料例

構造を数例示す（電子共役系が満たされているかどうか，確かめてみていただきたい）。

この図で示した染料をよく見ると，図2.2で示した染料母体以外に$-SO_3Na$（スルホ基）や$-COOH$（カルボキシル基）等の原子の集団（官能基）が付いている。染色は，水に溶けた染料が繊維内に浸透吸着する現象であり，そのためには染料が水に溶ける必要がある。染料母体は色を出すために必要な部分であるが，残念ながら水とは相性が良くない。したがって，水に溶けるために水と相性の良い原子の集団（スルホ基やカルボキシル基，水酸基など）の助けが必要になる。

このように，染料は水とあまり相性の良くない部分と相性の良い部分とを持ち合わせた分子であると考えてもらいたい。今後は，水と相性の良い性質を親水性，相性の良くない性質を疎水性と呼ぶが，染色を理解するためには，これらの性質と水との関係を理解することがたいへん重要となる。

第3章
「染色」とは

3-1 着色と染色

着色とは，物に色をつけることであり，染色とは物，特に繊維や革などに染料や色素をしみ込ませて着色することをいう。物に付着およびしみ込み，そこに留まることを化学的には「吸着あるいは収着」といい，吸着あるいは収着が染料などの色素である場合には染着ともいう。

3-1-1 着色のようす

図3.1は，染料溶液中にスポンジと繊維を入れた場合の着色および処置（絞

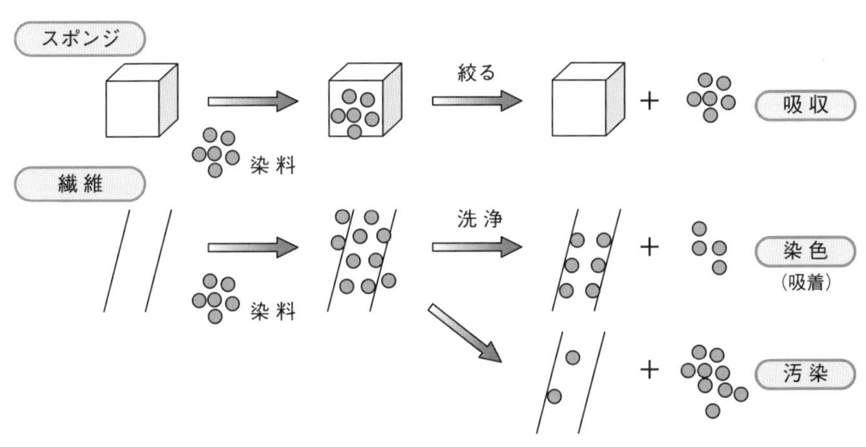

図3.1　着色と染着現象

る，洗浄する）後のようすを示したものである。スポンジは染料溶液そのものを吸い込み着色されるが，手で絞ると溶液とともに染料も絞り出され，スポンジは元の色になる。この場合，スポンジは染色されたとはいわず，染料溶液を吸収したという。一方，繊維も染料溶液を吸収し着色する。しかし，絞ったり水で洗ったりしても，一部の染料は落ちるが，大半の染料は繊維に残り着色状態を保つ。この場合を染色されたといい，この現象を染料が収着した（吸収と吸着が同時に起こっている：染着）という。

ただし，実用的な面から，ほとんど染着しない場合や，洗浄によりほとんど染料が落ちて（脱着），わずかに着色した場合は染色されたとはいわず汚染されたという。汚染は，意志に反して染まり着いた場合や，染料が繊維内に収着しているが，色目・堅牢性等から染色されたとはいえないもののことである。このように，着色を単なる現象論的に見るか，実用的に見るかにより，染色の定義は異なる。整理すると，以下のようになる。

染色とは，①現象論的に見た場合，溶媒に可溶化または分散した染料が被染物の表面に（化学的）吸着し，内部に拡散，吸着または反応による染着の過程をいう。一方，商品となる衣料を対象に染色を考えると，すなわち，②実用的に見た場合，一般的には実用に適した色目（濃度，色相，彩度，明度），堅牢性を持ち（消費科学的），実用的な染色方法によって着色されたこと（生産工学的）をいう。

3-1-2 染色に関する研究・開発

染色現象は，上記のように考えられるが，今日まで多くの人々が膨大な時間と経費を掛けて研究開発および技術開発に携わってきた。現在まで築き上げられてきた染色技術を理解し，継承していくためには，見掛けはたいへん単純な現象が，どのような理論や研究・技術開発に支えられてきたかを把握することが重要となる。図3.2は，筆者なりの考えで染色における研究・技術開発の内容を整理したものである。

この図についての詳しい説明は省くが，以下に染色現象を理解する上で基本

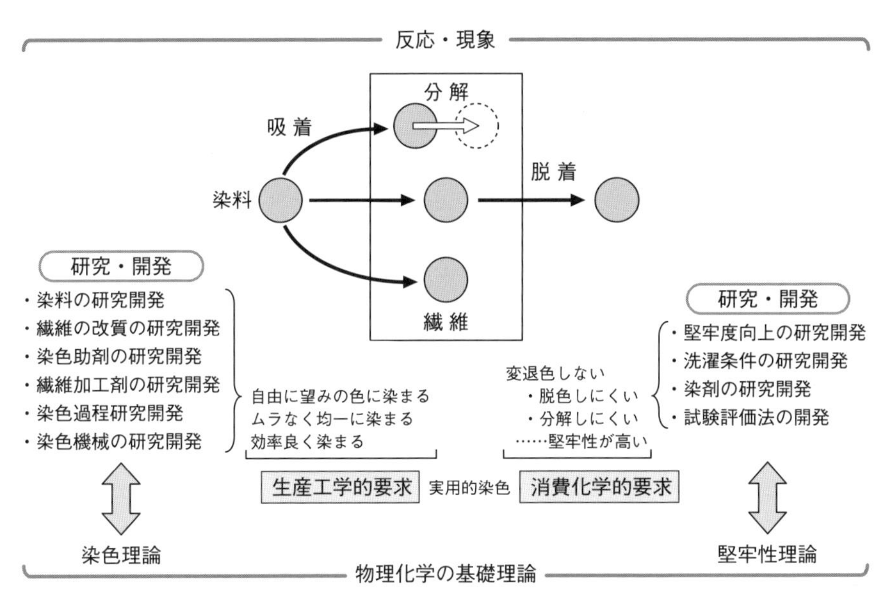

図3.2　染色技術の研究・技術開発とその基となる基礎理論との関係

となる染色理論の基となる現象を取り上げ，“なぜ染色できるのか” について話を進めることとする。

3-2　染色現象とその過程

「染色」についてはすでに説明したが，もう少し科学的に考えていきたい。まず，図3.3および図3.4を用いて説明する。

染色には水が用いられるので，染浴の状態は図3.3に示したように水と染料と繊維が含まれた状態である。最低，これらの要素が揃うと，図3.4のように染色が進行することになる。

まず，繊維をある温度の染浴（染料と水）中に入れると（図3.4(a)），染浴中の染料は，浴中を移動して繊維の方へ移っていき（図3.4(b)），時間の経過につれて浴中の染料は次第に減少し，繊維中の染料が増し（図3.4(c)），ある

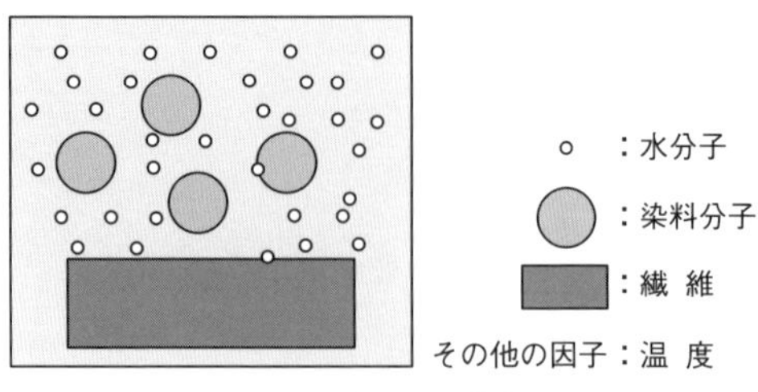

図3.3 染浴の状態

時間で平衡状態（見掛け上，それ以上変化しない状態）になる（図3.4(d)）。

すなわち，染浴中で減少しただけの染料が繊維中に移ったのであり，前述したように，その時に繊維を取り出して絞っても，繊維中の染料は留まっており，水洗いをしても簡単に取れない。このように，染浴中の染料が繊維中に移り，そこに留まる収着現象を染色（dyeing）という。

上記のように，繊維・染料・水からなる染色系において，染浴中の染料が繊維に吸着して染色が完結するまでの過程を染料分子の挙動で見ていくと，次の３段階に分けて考えることができる。

①染浴中で，染料が繊維表面に向かって拡散する（図3.4(b)）

②繊維表面に染料が吸着する（図3.4(b)）

③繊維相内部へ染料が拡散する（図3.4(c)）

ここでは，これまでに知られている事実から，①②③の関係について，次の

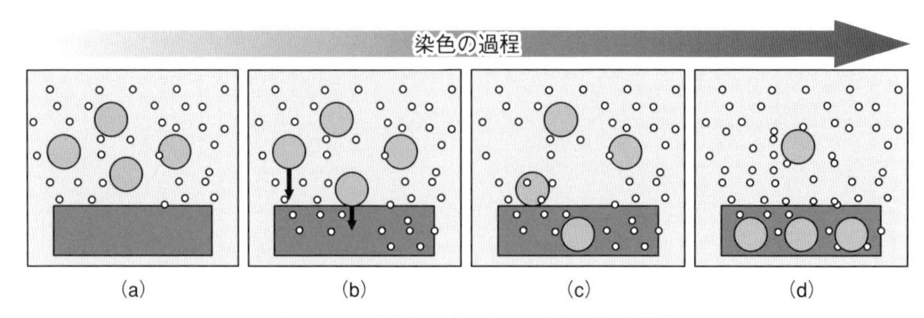

図3.4 染色過程における染料の染着挙動

ように考えて話を進めていく。

①の段階における水溶液中での染料の拡散（移動，動き回るようす）は，③の段階の繊維中への拡散よりはるかに早い。②の繊維表面への吸着現象は，①③の拡散に比べて極めて早く，ほとんど瞬間的であると考えられている。③の段階の速さが最も小さい。

すなわち，染着速度（染料が繊維内に収着する単位時間当たりの速さ）は，染料の繊維中への拡散に支配される（この過程のことを律速段階という）。

ここで，改めて染色を定義すると，染色とは，“染料が繊維表面に吸着し，さらに繊維内の細かい間隙を通って内部へ拡散し，そこで繊維－染料間に物理的または化学的な結合が生じ，染着が完結する現象のこと”となる。

繊維には多くの種類があり，それに応じて染料にもさまざまな性質のものがあるが，染色という現象は上記のように基本的な現象は同じである。しかし，繊維と染料には相性があるように，繊維別あるいは染料別に細かく見ていくと，染色挙動はかなり異なっている。これは，染浴中の染料分子が繊維内に移行するかどうかは，極めて多くの要素の兼ね合いにより決まるからである。

したがって，染色をよりよく理解するためには，これらの多くの要素について科学的に理解する必要がある。ここからは，もう少し染色現象への理解を深めるために，染浴中で生じるさまざまな現象を，

・水に溶けている染料はどのような状態にあるのか
・水に浸かった繊維はどのような状態にあるのか
・熱が加わると繊維はどのような状態になるのか
・染料は非晶部分にどのようにして入っていくのか
・染料は非晶部分にどのように染まっているのか
・染料分子と繊維構成分子とはどのように引き合っているのか
・染料の溶液から繊維への移行のしやすさの目安は何であるのか

などの要素に分けて，眺めていくことにする。

第4章

水中での染料分子はどのような状態で存在しているのか？

第3章において，染料分子の挙動による染色過程を整理した。そこで，染料分子は水中でどのような状態で存在するのか，また，水分子とどのような関係にあるのかを考えてみたい。

まず，染料分子が水分子と“離れたくないほど仲が良かった”とすると，染色が起こるであろうか？（別の見方で，繊維側から見た場合，水中にいる染料分子とは相性が合わないとした場合，染色できるであろうか？）答えは，“染色できない”あるいは“ほとんど染まらない”が正解となる。

では，どうして染料は繊維内に収着するのか？このことを考えるには，染料分子と水分子との相性（むずかしくいうと相互作用）を考える必要がある。

4-1　染料が溶けるとは？

図4.1(a)は，コンゴーレッドと名付けられている分子量696.665 g/mol のセルロースを染めることのできる染料（直接染料）である。

染料には，このような体（分子容積）の大きな染料から，やはりセルロースを染めることができるチオインジゴ（図4.1(b)，分子量296.36 g/mol）のような体の小さい染料まで，さまざまな大きさ（分子量，分子容積）の染料がある。

これらの染料を用いて染色するには，極めて多くの要素が関係しているが，

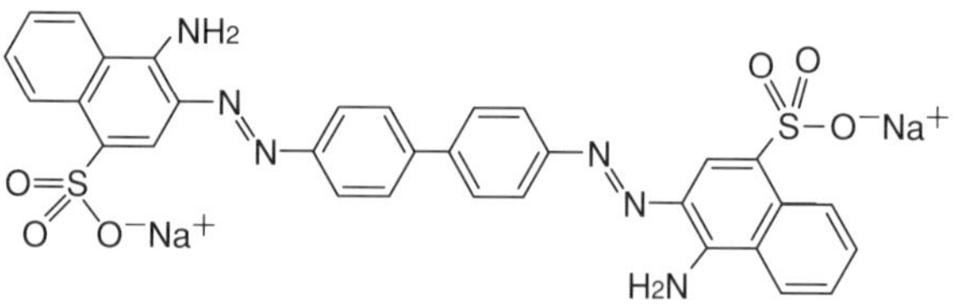

(a) コンゴーレッドの分子構造

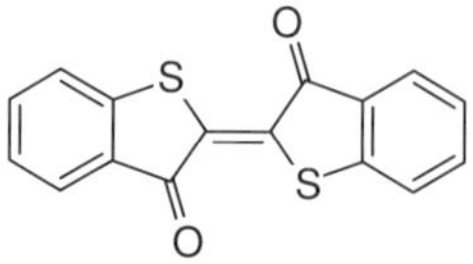

(b) チオインジゴ（バット レッド 14）の分子構造

図4.1　代表的な染料の構造式

まずは，すでに述べたように染料（粉末，個体）が水に溶ける（溶解）必要がある。

一般に，溶けるとは，固体，液体または気体である溶ける物質（溶質と呼ぶ）が，液体（溶媒と呼ぶ）中に分散・混合して均一系を形成する現象である。

図4.2に示したように，溶解する場合の分散は単一分子であったり，分子の

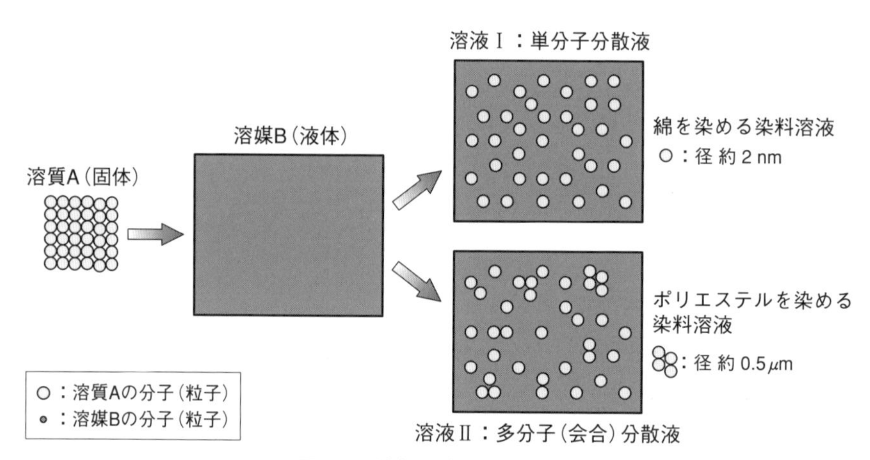

図4.2　溶解現象のモデル図

会合体であったり粒子であったりする。生成する液体の均一系は溶液と呼ぶ。

では，どうして「溶ける」のかであるが，それは溶質Aと溶媒Bを構成する分子間の相性（むずかしくいうと親和性）が良いか悪いかで決まる。溶質Aも溶媒Bも，いずれも構成する分子間には互いに引き合う力（凝集力と呼ぶ）が働いている。溶質Aが溶媒Bに混ぜられた時，溶質Aの分子どうしが引き合う力（凝集力）より，溶媒Bの分子との引き合う力（親和力と呼ぶ）が強ければ，溶質Aの表面の分子から溶媒Bに分散し，溶質Aはバラバラに溶媒Bに均一に分散・混合する。この場合，溶質Aの分子の周りは溶媒Bの分子に取り囲まれることになる。この現象を溶媒和と呼ぶ。

染色には溶媒に水を使うので，染料が水に大なり小なり溶解することが必要であるが，ただ溶媒としてだけでなく，水はもっと重要な役割を果たしてい

Notes

〈溶解とは（熱力学的取り扱い）〉

AをBに混合することによる自由エネルギーの変化（混合前の系の化学ポテンシャルと，混合後の系の化学ポテンシャルとの差：$\varDelta G_m$）は，混合熱（混合することによる熱収支：$\varDelta H_m$）および混合のエントロピー変化（系の複雑さ，混合により取り得る状態数：$\varDelta S_m$）によって式（1）のように表わされる。

$$\varDelta G_m = \varDelta H_m - T\varDelta S_m \quad \cdots\cdots\cdots\cdots (1)$$

このように$\varDelta G_m$を用いると，$\varDelta G_m$が小さくなる（減少する）ほど混合には有利である。混ざり合う（溶解する）場合は，系の構成粒子の組み合わせ（取り得る状態数）が増加する。すなわち，$\varDelta S_m$は正となる。また，混ざり合うには，Bどうしが引き合っている結合をAが切断し，新たにAとBが引き合う必要がある。一般的には，Bどうしの結合を切断するには熱量が必要となり（これを吸熱という），AとBが引き合うことにより熱量が発生することになる（これを発熱という）。したがって，$\varDelta H_m$は吸熱量と発熱量により決まる。通常は吸熱（$\varDelta H_m > 0$）である。全く抵抗なく混じり合い，$\varDelta H_m = 0$のような溶液を無熱溶液と呼ぶ。

注）熱力学的記述が初めての人は，第10章にて簡単に説明するので，その後，読み直していただきたい。

る。しかし，水はわれわれにとって非常に身近な存在であるため，水の持つ特異な性質やその不思議さに気づかず，当たり前のものとして考えられている。そこで，まず，簡単に「水」について考えてみる。

4-2　水

水は，酸素原子（O）と２個の水素原子（H）が共有結合で結ばれた分子である。分子式は H_2O と表わされ，分子量は18である。この分子量18を考えると，化学の基礎という常識から見た場合，異常な（非常に特殊な）物質となる。

今，目の前に池があるとする。この風景には何の不思議さも抱かないであろう。この風景を空気と水との二つの要素だけで見てみると，空気は窒素（N）や酸素の混合物で，それらの混合比率から計算するとその分子量は28となる。水はすでに述べたように18である。つまり，水分子は空気よりも軽いことになる。物理の基礎からすると，質量の軽いものは質量の重いものに浮くはずであり，分子量だけから見ると池の水はすべて上空に移動して，池そのもの（池の風景）が存在しないことになる。

また，気温が氷点下になると池の水が凍りはじめる。しかし，池の中の生物は冷凍食品になってしまったりはしない。この現象も，水が特殊な物質だからである。

一般に，世の中のほとんどの物質では，「その物質の固体のもの」を「その物質の液体」の中に入れると，底に沈んでしまう。これは，固体になった時の方が原子や分子の引き合う力が強く，その間の隙間が小さく（むずかしくいうと密度が大きく）なるからである。しかし，水は一般の物質と違い，固体（氷）になる時には分子の間の隙間が大きくなるような並び方をする。そのため，水よりも密度が小さくなる（密度が一番大きくなるのは約４℃で，４℃から０℃までは冷やすにつれて密度は少しずつ小さくなる）。

この特殊な性質から，冬の寒い日，池の水がどのように冷えていくかを考えてみる。池の上を冷たい風が吹いていると，池の水は水面から冷やされていく。池の水が4℃より温かいと，水面で冷やされた水は重くなって，池の底の方へ沈んでいく。代わりに，まだあまり冷やされていない温かい水が水面に上がってくる（この現象を対流と呼ぶ)。そのため，池の水はまんべんなく冷やされていく。

ところが，池の水がすべて4℃まで下がると状況は変わる。水が4℃より冷たくなっても，冷えた水が池の底へ沈むことはなくなる。当然，池の底の方の水が水面の方へ上がってくることもなくなる。池の水面付近の水はどんどん温度が下がっていくのに，対流が起こらないので，池の底の方の水はなかなか温度が下がらなくなってしまう（水の熱伝導に関係する)。こうして水面近くの水だけがよく冷やされて，やがて凍ってしまう。しかし，この氷は中の水より密度が小さいため，沈んでいくことはない。

また，この氷や冷たい水の層が上にあるので，池の底の方の水までは冷たいのがなかなか伝わってこない。さらに，池の底の方の水は地面より熱が伝わり，水面のような温度にはなかなかならない。

以上のように，通常の物質とは異なる水の特殊性の例を紹介した。この特殊な性質は，水が他の液体とは根本的に異なる構造を採っているためである。また，この構造は水分子間に強い引き合う力が働いていることによる。この引き合う力は，水素結合と呼ばれる分子間相互作用に起因している。

では続いて，他の液体と根本的に異なる水の構造について説明する。

4-3　水の構造

水分子の分子模型を，大きな球が酸素原子（O)，中間の球が水素原子（H)，小さな球が非共有電子対*) を表わすとすると，図4.3のようになる（球の大きさと原子の大きさを表わしていないことに注意)。

この図のように水分子を表わすと，何も溶け込んでいない純水では，膨大な

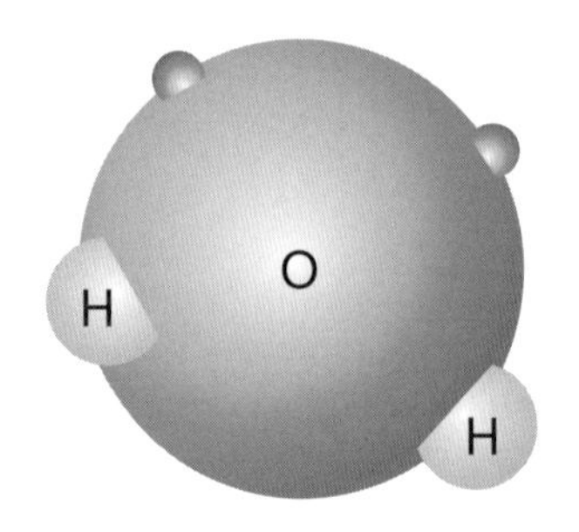

：非共有電子対：δ^-（負電荷に偏っている）
：水素原子　　：δ^+（正電荷に偏っている）

図4.3　水の分子模型

数の水分子が図4.4に示したように，水分子の二つの水素原子は隣接する2組の非共有電子対を持つ酸素原子と引き合うことによって，隣接する水分子間にOH…O結合（図4.5）が形成される。この結合を水素結合といい，一つの水分子は最高4つの水素結合を形成することが可能である。したがって，水は水分子が図4.4のように水素結合のネットワークを形成した集合体である。ただし，この水素結合は，1秒間に1兆回も振動・回転しながら，つながったりはずれたりして揺れ動いており，ピコ秒（10の12乗分の1秒）の短い時間間隔で見ると，ジグザグの直線状であったり，リング状であったりなどというように，常に変化している。この現象を「構造揺らぎ」と呼ぶ。

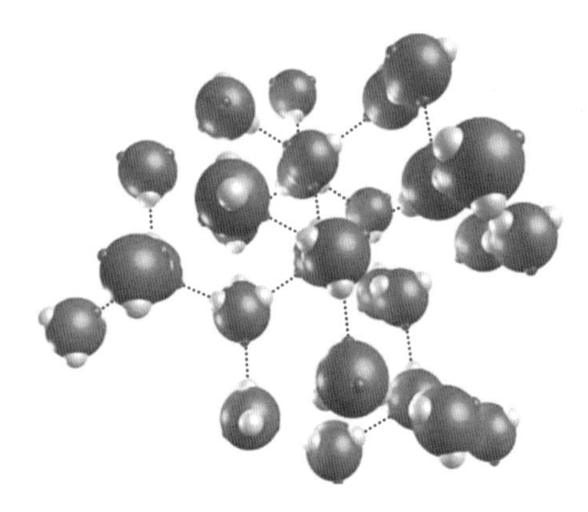

図4.4　純水中のある瞬間での水分子のようす

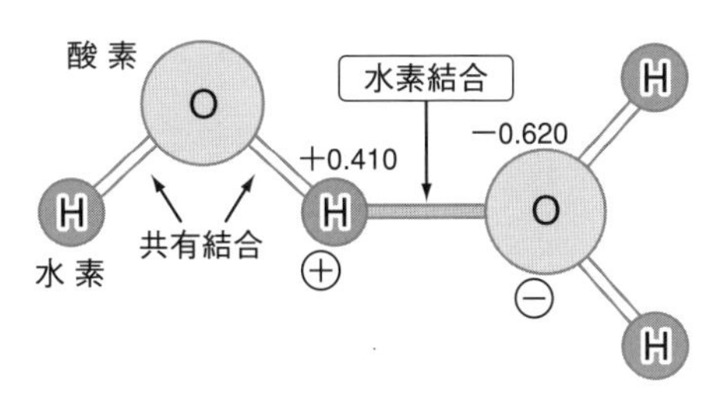

図4.5　水の水素結合

水の構造に関する最新の研究結果によると，水は「水の分子間をつないでいる水素結合の腕が大きくゆがんだ水の海（水蒸気に近い構造）」と「この海の中に浮かぶ氷によく似た秩序構造」の２種類の構造からなることが明らかに

Notes

〈非共有電子対〉

原子は，最外殻が８の状態，または閉殻の状態が最も安定なので，互いの原子が価電子（最外殻電子）を共有することによって最外殻が８の状態になる。この結合を共有結合という。水のような分子からなる物質は，共有結合*によって形成されている。

共有結合のようすを表わす時，原子の最外殻電子を元素記号の周りに・で表わした電子式を使う。共有結合を電子式で表わした時，２個の原子で共有している２個の電子を「共有電子対」といい，結合前の対になっていないひとりぼっちの電子を「不対電子」という。また，初めから対になっている電子対を「非共有電子対」という。

＊ 第９章で詳しく説明している。

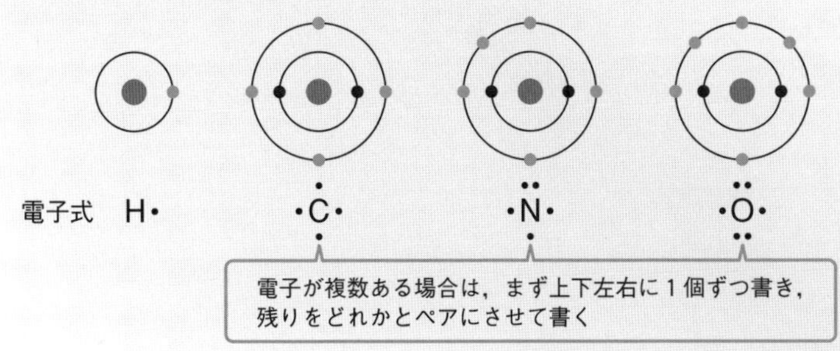

なった。この2種類の構造は，水の低温領域から高温領域にかけて常に観察され，さらに，両者の中間の構造というものが観察されなかったとしている。

すなわち，水とは水分子が水素結合により2種類の集団となって「構造揺らぎ」をしながら，その場その場に応じて臨機応変に構造や電荷状態が変貌する，たぐいまれな分子ともいえる。

では，このような特異的な性質のある水に染料が溶け込むと，染料と水とはどのような状態にあるのかを考えてみることとする。

4-4　水　和

染料が水に溶けるとは，染料分子が水分子の集合体の中にうまく潜り込んでいるという状態であるといえる。4-1節で染料について簡単に説明したが，染料分子の構造については詳しく説明していない。ここでは，染料分子は水との相性が悪い部分（疎水性部分）と，たいへん相性の良い部分（親水性部分）とを持った構造をしているとして取り扱う。つまり，水の中に水となじみやすい物質と，なじみにくい物質が入り込んだことになる。

これら入り込んだ物質の数と水分子の数とでは，水分子の数の方が圧倒的に多いので，入り込んだ物質の分子の周りを水分子が取り囲んでいる。この現象を水和と呼ぶ。しかし，水和と一言でいい表わしても，水となじみやすい物質となじみにくい物質における水和の状態が同じと考えてよいのであろうか。直感的に違うのではと考えるのが普通ではないであろうか。実際，親水性物質と疎水性物質とでは水和状態は異なる。どのように異なるのかを簡単に説明する。

4-4-1　イオン性水和

水になじみやすい物質には，水への溶け込み方により，食塩のような溶け方をする物質と，アルコールや砂糖のような溶け方をする物質に分けられる。まず，食塩は水に溶けると電離し，Na^+とCl^-とに分かれる。Na^+は正（＋）に

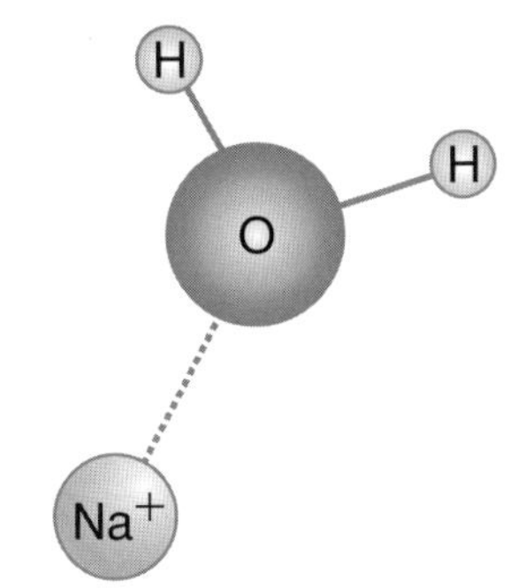

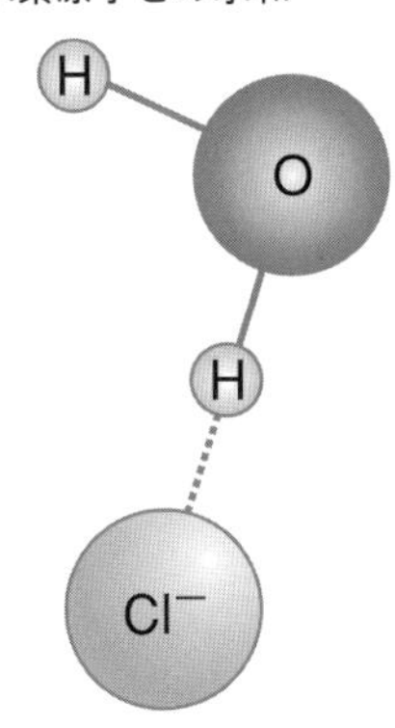

図4.6　イオン性水和のようす

荷電されている（カチオンと呼ぶ）。Cl^-は負（−）に荷電されている（アニオンと呼ぶ）。これらイオンが水の中に入ると，イオンがその周囲に数個の水分子を引き付けて結合し，一つの分子集団を作ることになる。すなわち，水和することになる。このように，直接的にイオンに強く引き付けられた水和をイオン性水和と呼ぶ。この場合，図4.6に示したように，イオンの種類によって二つのタイプの水和がある。一つは，カチオンと負電荷に偏っている酸素原子との水和（Ⅰ）であり，もう一つはアニオンと正電荷に偏っている水素原子との水和（Ⅱ）である。

イオン性水和は，図4.6のように一つの水分子とのみ結合しているのではな

Notes

〈電　離〉

電離とは，一つの分子が二つ以上の原子や原子団，イオンなどに分かれることをいう。また，イオンとは，電荷を帯びた原子や原子団のことで，マイナスの電荷を帯びているのが陰イオン（アニオンともいう），プラスの電荷を帯びているのが陽イオン（カチオンともいう）である。

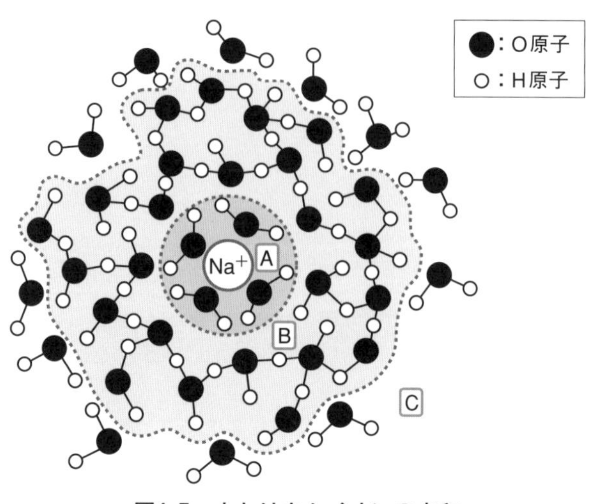

図4.7　ナトリウムイオンの水和

く，イオンに隣接する多くの水分子と相互作用する。すなわち，このように多くの水分子と相互作用することが水になじんだことになり，溶解したこととなる。ナトリウムイオンの水和のようすを模式図で示すと，図4.7のようになる。

4-4-2　水素結合性水和

次に，アルコールのような分子についてであるが，この場合，この分子をどのように取り扱うかを先に説明する。アルコールは，炭化水素基（炭素と水素からなる原子団：－CnHm）と水酸基（酸素と水素が結合した原子団：－OH）から構成されている。たとえば，お酒の成分であるエチルアルコール（エタノールともいう：C_2H_5OH）は，図4.8のような模型図で表わされる。

この図でC_2H_5－の部分が炭化水素基であり，石油と同じような性質を持ち，水にはなじみにくい部分である。この炭化水素基のように，水になじみにくい原子団（基）を疎水基と呼ぶ。一方，－OHの部分は，水の構成原子団であることから，誰しもが容易に水となじみやすいと想像することであろう。このように，水になじみやすい基を親水基と呼ぶ。

エチルアルコールが水に溶けるとは，水になじみやすい水酸基が水分子との

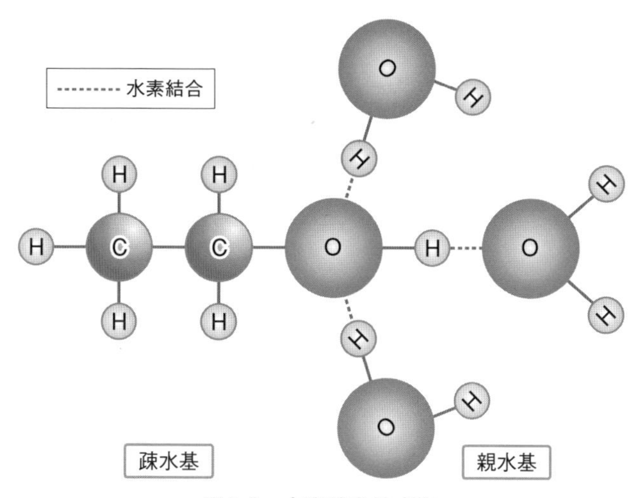

図4.8　水素結合性水和

引き合う力で，水になじまない炭化水素部分もろとも水の中に潜り込んだことによる。この場合，アルコールの水酸基は電離しないので電荷を持たない。しかし，－OH 基は水分子の構成原子団であることから，水分子どうしが引き合う力，すなわち，水素結合により水分子と引き合うことができる。その結果，アルコールの水酸基の周りを水によって囲まれた（水和した）ことになる。この水和を水素結合性水和と呼ぶ。

ここで例に挙げたアルコールのように，分子内に疎水基と親水基を併せ持つ化合物を両親媒性化合物と呼ぶが，両親媒性化合物の水への溶解は，分子内における疎水性部分と親水性部分との割合によって溶解性は異なってくる。たとえば，同じアルコールであっても，炭素数が3個までのアルコール（メタノール，エタノール，プロパノール）は水によく溶けるが，4個以上になると溶解度が低くなり，6個のヘキサノールではほとんど溶けない。

今述べたように，ヘキサノールは水にほとんど溶けない。この原因は，水との相性が悪く，できれば水とは係わらないように振る舞う疎水性部分の水から逃れようとする力（ヘキサノールがこのような力を持っているのではないことに注意）が，親水部分の水に溶け込もうとする力に勝ったためである。このようにアルコールの炭化水素部分は，水との係わりを避けようとしており，容易に水により水和されない。

では，エチルアルコールのように，水に否応なしに引き込まれた炭化水素部分は，水とどのような係わりを持っているのであろうか。このことについて次に述べる。

4-4-3　疎水性水和

身近な水となじみにくい物質（疎水性物質）は，水分子と直接係わりを持たない。言い換えると，疎水性分子は，水分子と静電的に相互作用したり水素結合を作ったりすることができない。しかし，疎水性分子が水の中に溶け込むと，水分子は炭化水素を包み込むように水素結合でできた「籠（iceberg構造体）」を作る（図4.9参照）。このような水分子の状態を疎水性水和という。こ

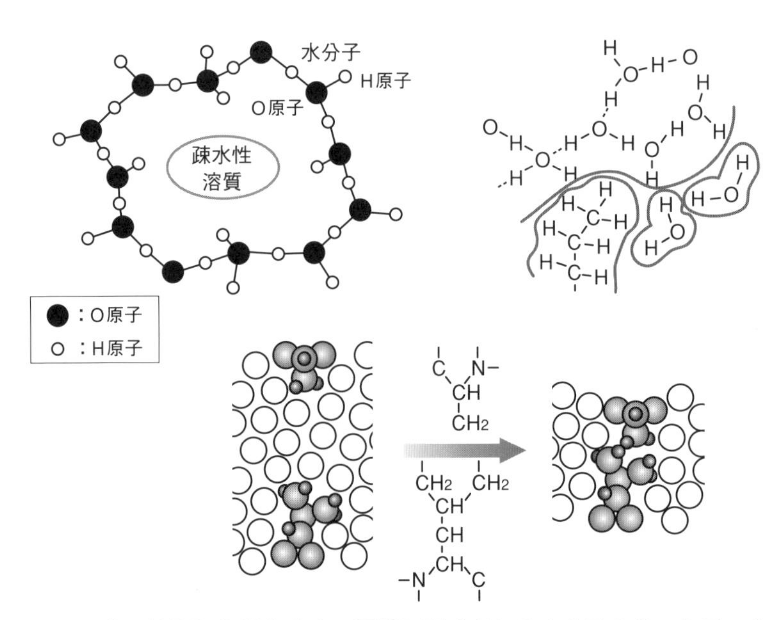

図4.9　水に溶解した炭化水素の周りに形成される水分子のネットワーク（疎水性水和）

の水和は水素結合が関与しているが，疎水性分子とは結合しておらず，すでに述べた水素結合性水和とはかなり異なる。籠状の水分子の集合は，通常の液体状態の水分子が作る動的なネットワーク構造に比べて，秩序の高い状態にある。疎水性物質の代表である油が水に溶けないのは，水が秩序性の高い疎水性水和を形成することにより「系全体の不安定化」が起こらないように，油どうしが互いに凝集し合うためである。

4-5　染料が溶けるとは

では，4-1節の「染料が溶けるとは？」について，これまでの知識を応用して説明してみる。図4.1に示したコンゴーレッドの分子構造を，分子模型で示す（図4.10）。染料は，分子内に疎水性部分と親水性部分とを持つ両親媒性化合物であるが，図4.10に示したように疎水性部分と親水性部分を区分けした。

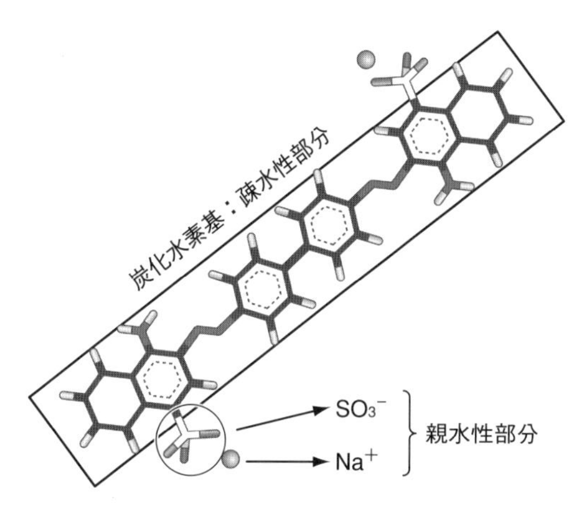

図4.10　コンゴーレッドの分子構造と水和状態

これまでの説明やこの図からもわかるように，染料分子が溶けるのは分子容積比の小さい親水性部分と水が水和し，水の中に分子容積比の大きい疎水性部分を無理矢理引きずり込み，うまく水の集合体の中に潜り込むことができるからである。この場合，親水基の周りの水和は，上述したイオン性水和および水素結合性水和をしているが，疎水部分では疎水性水和をしている。

染料分子が繊維中に移行する（染色現象が起こる）かどうかについては，極めて多くの要素の兼ね合いで決まるが，その中でも，これら3種の水和のバランスは非常に重要な要素の一つである。

4-6　疎水性水和の役割

染料が水に溶けると，染料分子の周りを取り囲んだ水分子は，染料構成原子団により異なった構造を持つ水分子の集合体（3種の水和）を形成するということについては理解してもらえたと思う。すでに述べたように，染料分子が繊維中に移行する（染色現象が起こる）かどうかは，極めて多くの要素の兼ね合いで決まるが，これら3種の水和のバランスは非常に重要な要素の一つである。ここでは，染料分子が繊維表面に吸着する過程において，疎水性水和が染色過程でどのような役割を果たしているのかを簡単に説明する。

染料分子が繊維表面に吸着する現象には，多くの要素が関連しているが，ここでは水分子の立場から眺めてみる。まず，染料溶液中での染料分子の挙動について眺めると，染料分子が水の中に入ると水分子は染料分子を取り囲み，自由に動き回る水分子のネットワーク（水素結合構造体）とは異なる構造のネットワーク（水和構造）を形成する。水にとっては，このような水和構造をとることは，自由に動き回れる場合に比べて窮屈な思いをすることになる（エネルギー的に不安定化している）。特に，染料分子の疎水基の周りを取り囲む水分子の集合体（iceberg 構造体）は，よりエネルギー的に不安定な構造であり，水からすればできるだけこの集合体は形成したくない。

このことを図4.11で説明すると，(A)は染料水溶液中で水分子が2個の染料分子に疎水性水和しているようすを示した図である。それに対して，(B)は2個

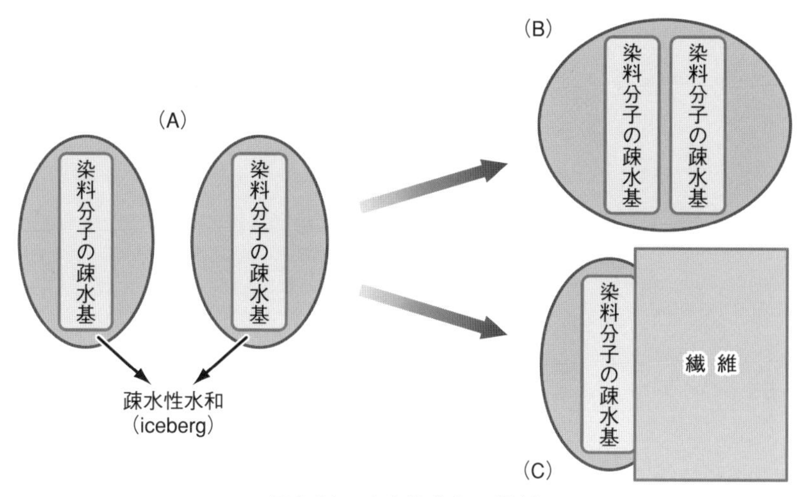

図4.11　疎水性水和の役割

の染料分子が会合した状態での水和を示したものである。まず，(A)と(B)との関係では，(A)に比べ(B)の方が染料分子の疎水基表面積が減少することから，疎水性水和する水分子の数が少なくなっていることがわかる。すなわち，水分子の立場からすると染料分子が単分子状態で存在するよりは，2分子，3分子と会合してもらう方が窮屈な思いをしなくてすむことになる。このことが，ある種の染料を水に溶かした時にコロイド状態となる原因の一つである。しかし，間違わないでほしいのであるが，染料分子が会合する現象は疎水性水和の解消だけでなく，他に染料どうしの親和力などの要因も大きく影響している。

次に，染料溶液に繊維が入ってきた場合を考えてみる。この場合も，水の立場からすると(B)の場合と同様に，繊維表面に染料が吸着する［図4.11(C)］ことで窮屈さが軽減されることになる。すなわち，疎水性水和による窮屈さが軽減（解消）されることが，3－2節で述べた染着過程での染料が繊維表面に瞬間的に吸着する一つの重要な要因であることがわかるであろう。この場合も間違ってもらっては困るのであるが，染料が繊維表面に吸着するための要因は，疎水性水和の解消だけでなく，繊維と染料の親和性も重要な要因であることには留意してもらいたい。

以上，述べたように，水は単なる溶媒としてだけでなく，染料が繊維表面に吸着するために重要な役割を果たしていることが理解できたかと思うが，水はそれだけでなく，３－２節で述べた繊維表面に吸着した染料分子が繊維内部に浸入していく過程でも重要な役割を果たしている。次に，染料分子が繊維内部に浸入していく過程へと話を進めるが，話を進めるに当たって，まず，繊維内に染料が浸入できるために，“繊維がどのような状態にならなければならないか”から説明する。

第5章

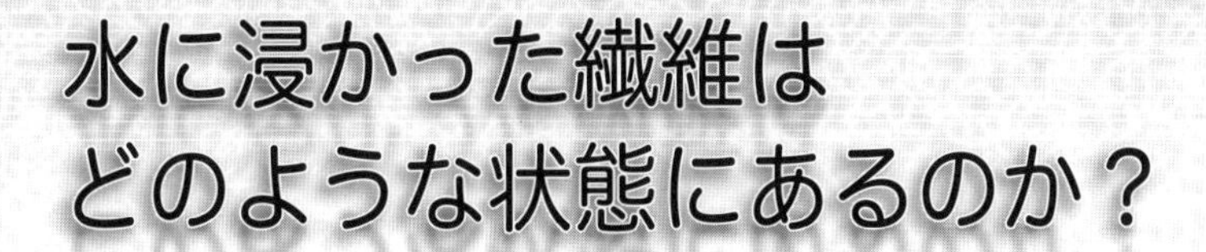

すでに述べたように，繊維には天然繊維から合成繊維に至るまでさまざまな種類の繊維があり，それに応じて染料にもさまざまな性質のものがあるが，染色という現象は初めに述べたように“基本的な現象”は同じである。したがって，染色現象を考える上で繊維の種類にかかわらず，繊維の構造を単純化したモデルを用いて考えてみることにする。

5-1　繊維とは

繊維とは，JISの繊維用語によれば，“糸，織物などの構成単位で，太さに比してじゅうぶんの長さを持つ，細くてたわみやすいもの（太さに対して十分な長さは，太さに対して100倍以上とされている。このような長さの比をアスペクト比という）”とされている。すなわち，繊維は細長く糸状のものをいうが，そのうち衣服用のものは，しなやかで，幅に対する長さの比が少なくとも100以上のものであり，多くは高分子化合物よりできている。

5-2　高分子とは

すでに述べた水やアルコールなどの一つの分子からできているものを単分子（モノマー）というのに対して，高分子化合物（ポリマー）とは，1種または

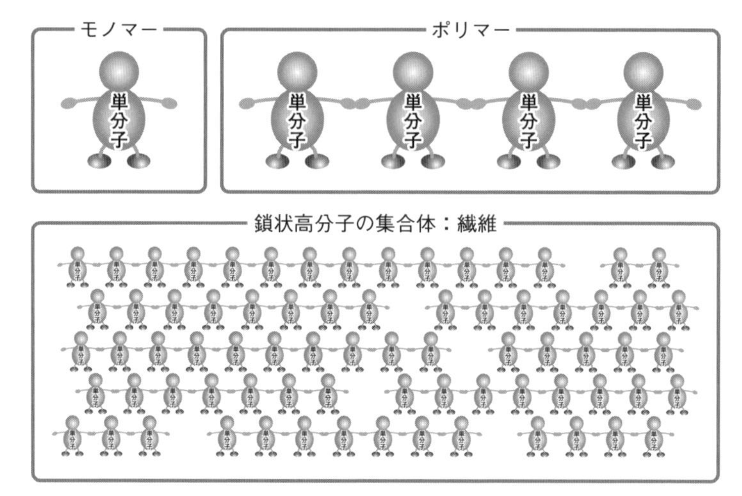

図5.1　繊維は鎖状高分子の集合体

数種類のモノマーが共有結合（最も強い結合）により数百～数百万とつながっている物質のことをいう（図5.1参照）。

5-3　繊維の構造

天然繊維も合成繊維も，いずれも繊維の基本体であるモノマーがつながって（この反応を重合反応という）できた鎖状高分子を構成単位として，図5.2のように三次元的に寄り集まった（集束した）集合体である（厳密にはもっと複雑である）。この集合体は，寄り集まり方によって固有の複雑な構造を持つことになる。特に，天然繊維は独特の階層構造を有している。

この固有の構造（表面および内部の構造）が染料の移行に影響をおよぼす。したがって，細かく（微視的に）見るとそれぞれの構造の影響を論じなければならなくなるが，大まかに（巨視的に）見ると，染料が繊維表面に吸着し，そして内部に浸透する現象であることから，この現象だけ“染色の速さ（染色速度）や量（染着量）は考えない”に着目すると，すべての繊維の構造（特に内

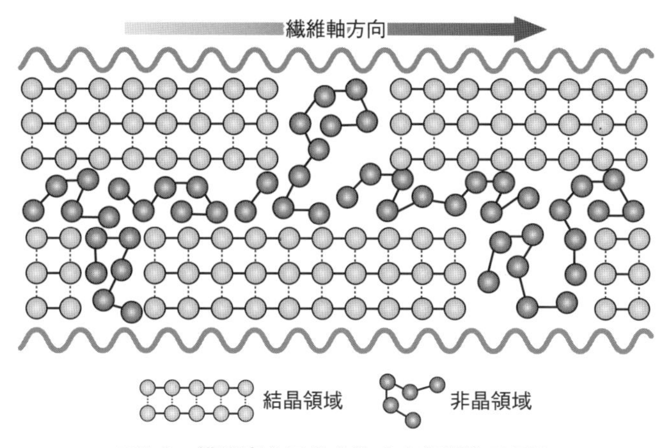

図5.2　繊維高分子化合物の内部構造モデル

部構造）は次のように取り扱うことができる。

実際の繊維の構造はたいへん複雑であるが，染色現象を一元的に捉える場合には，図5.2のモデルのように考えて差し支えない。

このモデルは，構成モノマーがつながった高分子鎖が，繊維軸方向に平行に規則正しく並んで配列した部分（結晶を構成する分子の配列の仕方は，天然繊維と合成繊維では大きく異なるが，染色現象を考える上では問題にしない）と，配列が不規則で乱れている部分とで構成した2相構造モデルである。この規則正しく並んだ部分を結晶部分（領域），配列が不規則で乱れている部分を非（結）晶部分（領域）と呼ぶ［もう少し詳しく見ると，結晶領域と非晶領域のつなぎ部分に結晶と非晶との中間の状態（疑結晶領域）が存在する］。

鎖状高分子がより規則正しく精密に集束すれば，その密度が高くなり，結晶性の硬い安定な組織になるが，配列が不規則で乱雑な集束状態をなしている部分は密度が低く，やわらかい非晶性の不安定な組織を形成することは容易に理解できるであろう。したがって，繊維の性質は結晶と非晶の特性，およびその構成割合などによって大きく左右される。たとえば，結晶の配列の程度，結晶部分の割合（結晶化度）が大きくなると，繊維の強さ，硬さ，比重は大きくなるが，吸湿性や吸水性は低くなる。

ここで，染色現象を2相構造モデルで考えていく場合，天然繊維であれ合成繊維であれ，水はいずれの結晶部分にも入り込めず，入り込めるのは非晶部分であると考える。そのため，染色においても染料は繊維の非晶部分に入り込むが，結晶部分には入り込まないと考えることになる。

したがって，染色現象には非晶構造とその割合が深く係わることになる。

5-4　非晶部分と水との係わり

5-4-1　膨　潤

繊維を水（液体）の中に入れると，水は繊維表面に吸着し，その後，表面にできた毛細管を通じて繊維内部に収着する（これを濡れるという）。水は，繊維内部の非晶領域の空間（分子間隙）に入り込むわけであるが，水が入り込むと高分子の分子鎖間どうしの分子間相互作用による結合（弱い結合：水素結合やイオン結合などであるが，これらの結合については後ほど説明する）を切断し，その代わりに非晶構成分子と水分子との間で新たに相互作用が生じる。つまり，非晶を構成する分子と分子の間（分子間隙）に割り込んだということであるから，非晶領域の体積は増加したことになる。この現象が膨潤であるが，水以外の溶媒においても同様の現象が観察される。膨潤の程度は，溶媒と高分子との引き合う相性の良さ（親和力の大きさ）に依存する。

すなわち，溶媒との親和力が大きいと，溶媒分子はどんどん入り込み，溶媒分子が多量にあれば，ついに繊維は溶媒に溶けることになる（これを無限膨潤ともいう）。水の場合は，繊維の種類によって親和力は異なるが，その大きさはさほど大きくないので，ある一定の膨潤（有限膨潤という）に留まる。

“水に浸かった繊維はどのような状態にあるのか”については，水により膨潤した状態にあるといえる。ただし，繊維の場合は2相構造モデルに示したように，繊維軸方向に分子が配向（並んで配列）しており，全方向に平均的に

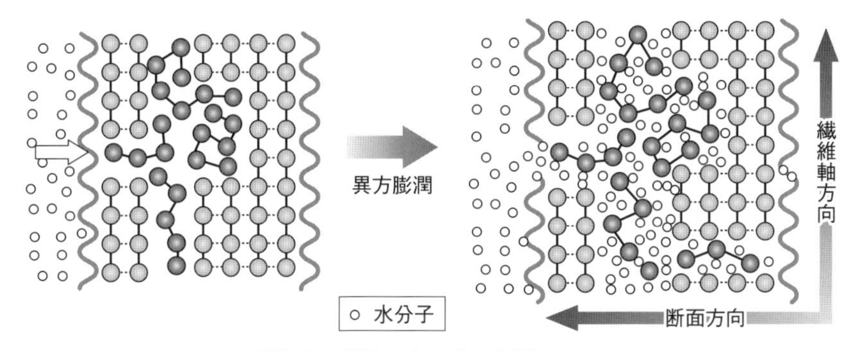

図5.3　繊維の水による膨潤モデル

（等方）膨潤するのではなく，繊維軸方向と断面方向で異なった（異方）膨潤を示す（これまでの内容のイメージは，図5.3のようになる）。

次に，“非晶領域内に入り込んだ水はどのような相互作用を引き起こしているのであろうか”について考えてみる。

5-4-2　非晶構成分子と水分子の相互作用

非晶領域に入り込んだ水分子と構成分子との相互作用のようすは，気体の水分子（水蒸気）の収着量の測定結果（等温吸湿曲線）などから，次のように考えられている。

まず，低湿度（空気中の水蒸気量が少ない）の場合は，水分子は非晶領域を構成する分子内のイオン化した原子団（イオン）と静電相互作用により，また，極性基［分子内の電子の偏り（極性という）が大きい原子団のこと］の構成原子である窒素や酸素原子と，水素結合により結合する。低湿度であるため，非晶領域に入り込む水の量（収着量，水分率）も少なく，水分子一つが1層の膜を形成するように結合する（単分子膜を形成する：結合水，不凍水とも呼ばれている）。

さらに，湿度が高くなると水の収着量は増大して，すでに結合している水分子膜に積み重なるように，水素結合により結合凝集する（多分子層膜を形成する：非結合水，束縛水とも呼ばれている）。最終的に湿度100％の状態，あるいは液体の水に浸漬した状態となると，多分子層間に水分子が入り込むが，これらの水分子は極性基の影響はほとんど受けず，繊維外の水とほぼ同じように振る舞う水（自由水と呼ばれている）と考えられている。

第4章で，水中への染料の溶解現象を，水が染料を取り囲む水和で説明した。今述べた繊維の非晶領域への水の収着のようすを「水和」で整理すると，非晶領域の極性基（親水基）への水和はイオン性水和ということになる。繊維の構成分子は，すべてが極性の原子団で構成されているわけではなく，非極性の原子団（非極性基）も含まれている。水に浸かるということは，この非極性基周辺にも水分子が存在し，疎水性水和していることになる。このようすを図5.4に示した。

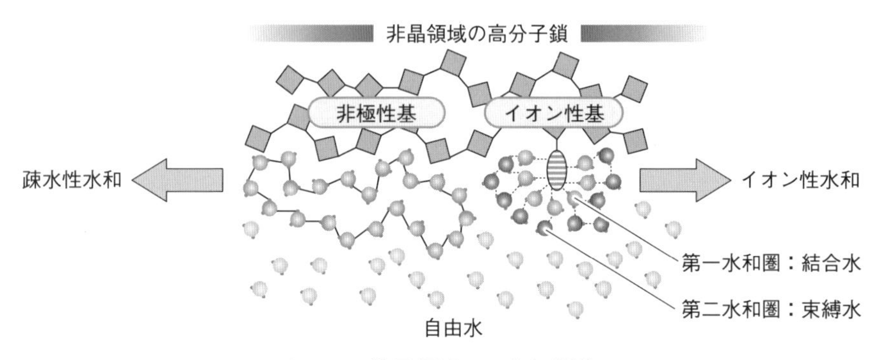

図5.4　非晶領域での水和状態

ここで，再度，染色現象を見直してみる。以上の説明を踏まえると，染色とは“染料が水に膨潤した非晶領域の自由水中に溶け込み，染料は自分自身の極性基の水和水と繊維のイオン水和している極性基から水分子をはぎ取り，繊維の極性基と結合する。さらに，染料の疎水基は繊維の疎水基に水の力による疎水結合により結合する”現象であるということができる。このように，染色では水との相互作用である水和現象が，たいへん重要な役割を果たしていることがわかってもらえると思う。

5-5　繊維表面と水との係わり（界面電気二重層）

繊維が水の中に入ると，もう一つ考えなくてはならない現象がある。それは，繊維（固相）と水（液相）との接触する境界面（固液界面）における現象である。この境界面，言い換えると，繊維表面相での現象の一つに「界面電気二重層」の形成が挙げられる。この電気二重層は，染浴中で染料が拡散して繊維表面に吸着する過程で影響をおよぼす。しかし，実用染色では，この影響を最小限に留めるように染色助剤の添加や染色機械の最適化などでコントロールされていることもあり，界面電気二重層については，染色現象を概観する上ではかなり細かい内容であることから，本稿では割愛することにする。

Notes

〈生体の揺らぎ〉

生命活動にとって，核酸（DNA，RNA）やタンパク質，多糖などの生体高分子がどれほど重要であるかは，もはやいうまでもない。これらは生体中で水和した状態で存在する。水和に係わる水分子の役割は非常に重要で，生体高分子の機能や三次元構造は水分子を抜きにしては語れない。たとえば，DNA が二重らせん構造を取ることは有名であるが，そのらせんの溝に水分子は入り込んで水素結合で結合し，さらにそのような水が DNA 全体を包み込んでネットワーク構造を作っている。このような水（結合水）によって，DNA の二重らせん構造は保たれている。タンパク質も同様に，水との相互作用によってそれぞれ固有の三次元構造を獲得し，その機能を果たすことができる。しかも，このようにして水が生み出す生体高分子の三次元構造は，石のように固まったままの構造ではなく，絶えず揺らぎ，分子内運動を行う「やわらかい」構造である。もし，このようなやわらかさや揺らぎがなかったとしたならば，生体はどうやって DNA を複製したり，その遺伝情報をもとにタンパク質を合成したり，ヘモグロビンが酸素を運搬したり，消化酵素が食べ物を消化したり……することができるのであろうか。

Notes

〈分子の極性〉

水素分子（図①）や酸素分子のように，１種類の原子から構成される分子は，二つの原子の電気陰性度が等しいことから，電子は二つの原子に同じ力で引き寄せられ，電子は二つの原子の中間に位置する。そのため，電荷の偏りは生じていない。

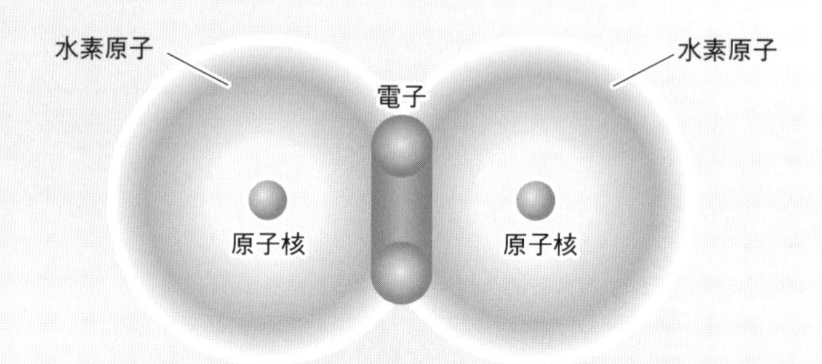

図①　水素分子模型

しかし，もし分子を構成する原子の電気陰性度が違ったら，どのようになるであろうか？

たとえば，HF（フッ化水素，図②）で考えてみると，水素の電気陰性度は2.1，フッ素の電気陰性度は3.98となる。電気陰性度は電子の引き付けやすさなので，電子はフッ素の方に強く引き付けられる。そうなるとフッ素の近くに電子が引き寄せられ，フッ素には弱い負の電荷が生じる。反対に，水素は電子が離れ，弱い正の電荷が生じる。

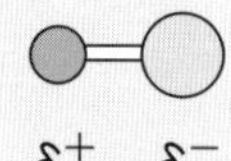
δ^{+}　δ^{-}
H — F

図②　フッ化水素の分子模型

このように，電気陰性度に差のある原子が分子を構成している場合，電気陰性度の大きい原子に負の電荷が，電気陰性度の小さい原子に正の電荷が生じている。

このような電荷の偏りがあることを「極性がある」という。

極性は，原子間の電気陰性度の差が大きいほど大きくなる。極性がある分子のことを「極性分子」といい，反対に極性のない分子のことを「無極性分子」という。

Notes

〈電気陰性度〉

電気陰性度（electronegativity）は，分子内の原子が電子を引き寄せる強さの相対的な尺度である。

異種の原子どうしが化学結合している時，各原子における電子の電荷分布は，当該原子が孤立していた場合と異なる分布を取る。これは，結合の相手の原子からの影響によるものであり，原子の種類により電子を引き付ける強さに違いが存在するためである。この電子を引き付ける強さは，原子の種類ごとの相対的なものとして，その尺度を決めることができる。この尺度のことを電気陰性度という。一般に，周期表の左下に位置する元素ほど小さく，右上ほど大きくなる。

また，分子の極性は原子間の電気陰性度の差だけでなく分子のかたちも影響している。たとえば，最も重要な水であるが，分子模型で表わすと図ⓐのようになる。水分子では，O－H 結合に極性があり，分子のかたちが対称でないため極性が打ち消し合わず，極性分子となる。それゆえに，V 字形分子は極性分子となる。

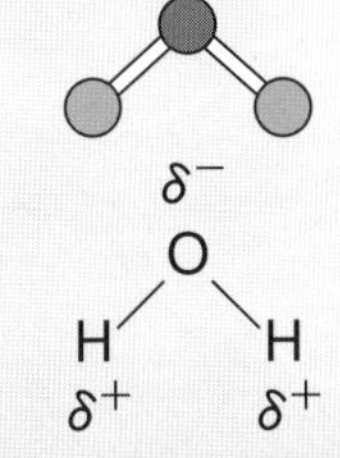

図ⓐ　水の分子模型

なお，図中の δ（デルタ）は「わずか」であることを示している。

また，アンモニア分子（図ⓑ）も N－H 結合に極性があるものの，分子のかたちが対称でないため極性が打ち消し合わず，極性分子となる。同様に，三角錐形は極性分子となる。

それに対して，二酸化炭素（図ⓒ）やメタン（図ⓓ）は無極性分子である。二酸化炭素は，分子の C－O 結合には極性があるが，分子が対称的なので，それぞれの極性が打ち消される。そのため，分子は無極性分子となる。

また，メタン分子でも C－H 結合に極性があるが，分子のかたちが対称的なために極性が打ち消し合い，無極性分子となる。よって，正四面体形の分子はメタンでなくとも無極性分子となる。

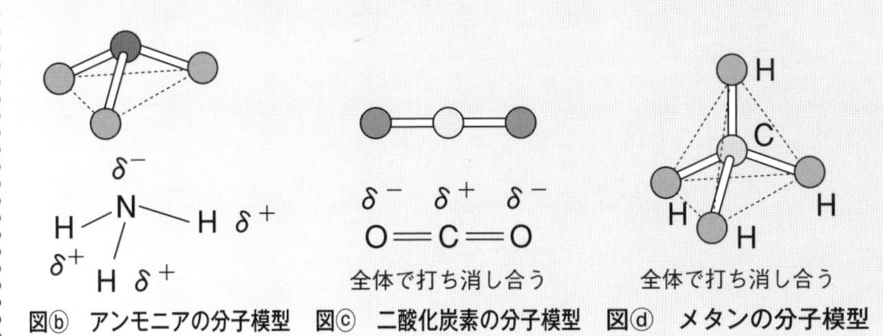

図ⓑ　アンモニアの分子模型　図ⓒ　二酸化炭素の分子模型　図ⓓ　メタンの分子模型

第6章

熱が加わると繊維はどのような状態になるのか？

繊維は，すでに述べたように，構成モノマーがつながった高分子鎖が繊維軸方向に平行に規則正しく並んだ結晶領域と，配列が不規則で乱れている部分の非晶領域とで構成した2相からなるとしたモデルで捉えて差し支えない。前章では，“水に繊維が浸かると，繊維は水とどのように関係するか”について考えた。しかし，その話は水と相性の良い繊維（親水性繊維と呼ぶ）の話であって，水と相性の良くない繊維（疎水性繊維と呼ぶ）の話ではなかった。

ここで（話を蒸し返すようで恐縮であるが），水との相性が良くない繊維は，室温の水では繊維は濡れず（膨潤せず），染料は繊維内に浸入することはできない。実際，疎水性繊維の代表であるポリエステル繊維は，室温の分散染料（ポリエステル繊維と最も相性の良い染料）水溶液に入れて，激しく撹拌しても，分散染料が繊維内に入っていくことはない。ポリエステル繊維も非晶領域を有しているが，室温の水で膨潤することはなく，染料が入り込める場所ができないためである。

染料の入り込む場所がないのなら，ポリエステルは染めることができないのであろうか？答えはNOである。われわれの着ている衣服のほとんどにポリエステルが使われ，色鮮やかに染色されている。では，“どうして染料が繊維内部に浸入できるようになったのか”についてであるが，それは熱の力を借りることで染まるようになるのである。

6-1 高分子での熱の作用

水を加熱し続けるとやがてグラグラと煮え，水蒸気がモクモクと立ち上がる。この現象が“水分子が活発に運動することによる”というのは，理屈抜きに承知していることである。このように，水のような低分子化合物は熱が加わると分子の運動性が向上し，分子が占める体積内で自由に動き回るようになる(熱エネルギーが分子に移動し，分子の内部エネルギーが増加したことによる)。

繊維（高分子）も低分子と同じように熱運動をしており，熱が加わることによって運動性が大きくなる。すでに述べたように，高分子はモノマーが多数つながってできた鎖状の高分子鎖で構成されている。この構成単位である高分子鎖をバラバラにして溶液状態とした場合，高分子鎖は「糸まり」のようなかたち[ランダム（コイル）構造：図6.1]をとる。この糸まり形状の分子鎖内を局所的に見ると，極めて激しく運動している部分が存在している。しかし，分子全体では非常にゆっくりと動き回っている。つまり高分子鎖の熱運動には，速く動く部分から遅く動く部分まで，多くの運動モードが存在していることになる。

このように，規則性の低い状態にある高分子鎖が溶液状態であっても，低分子に比べると運動性は著しく制約を受けている。さらに，溶液中であっても高分子であるため，互いにからみ合い，複雑な分子間相互作用の影響を受け，ま

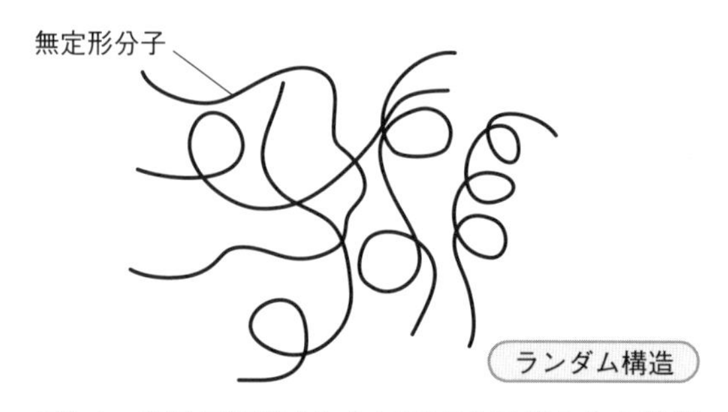

図6.1　高分子溶液内における高分子鎖の存在状態

すます運動の自由度は低くなる。もう想像がつくと思うが，この高分子溶液が固体状態になれば（繊維の形態となれば），さらに分子の運動性は束縛を受け，熱を加えても顕著な運動ができなくなることは容易に理解できるであろう。とはいえ，高分子を構成する分子鎖も運動性は低いものの，熱運動を行っており，温度が高くなる（加熱される）にしたがい，その運動性は大きくなる。

ところで，なぜ今，高分子鎖の運動性を説明しているかであるが，これまで簡単に説明したように，染料が繊維内部に入り込むということは，繊維構成分子鎖間にある空隙に入り込むということであり，言い換えれば，高分子鎖を押しのけてできた隙間に入り込むことである（染料が水の中に溶け込むことと同じである）。すでに述べたように，繊維内部は分子間の引き合う力（分子間力）で強く拘束されている結晶部分と拘束力が弱い非晶（非結晶）部分が存在している（図6.2）。染料が入り込むためには，これまでの説明で容易に想像がつくように，非晶部分を構成する高分子鎖が動きやすいことが必要となる。

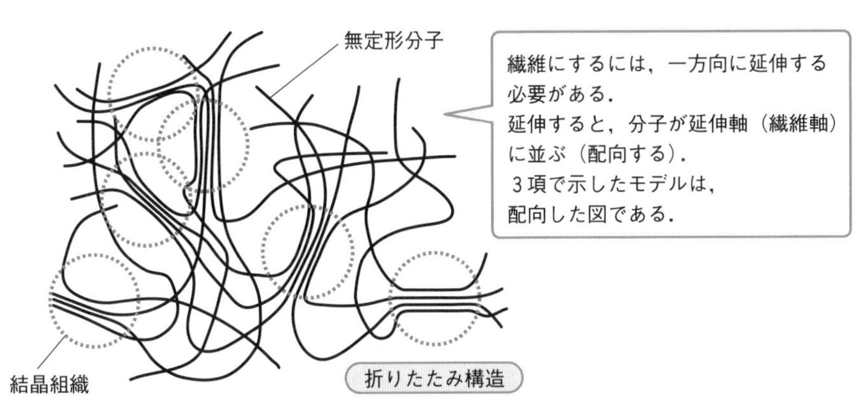

図6.2　固体高分子内における高分子鎖の存在状態

実際，いずれの繊維においても同様であるが，染色で使用される温度では結晶部分はほとんど影響を受けず，非晶部分の分子の運動性が増大する。つまり，繊維内の非晶部分の運動性が増大することは，染料の浸入を容易にすることになり，かつ，浸入してきた染料とのより居心地の良い分子形態を取り得る確率を増大させることになる。ここで，ポリエステルを例にとって説明すると，ポリエステルは常温では非晶部分の分子の運動性は低く，染料が浸入しようしても高分子鎖間の分子間力が切断されず，浸入することができないが，120℃まで加熱すると，非晶部分の分子鎖が活発に動き回るようになり，動き回る際にできた間隙に染料が入り込むことができるようになる。この結果が「染色できた」ことになる。

では，“温度上昇とともに非晶部分の分子はどのような動きをしているのか”であるが，たしかに，いずれの繊維も加熱していく（温度を上げていく）と，非晶部分の分子の動きが大きくなり，非晶部分の運動性は増大する。しかし，高分子の場合，ある温度で運動性が顕著に大きくなる現象が知られている。この現象をガラス転移と呼び，その温度をガラス転移点と呼んでいる。この温度は繊維の種類によって異なるが，いずれの繊維においても染色を行う上で重要な因子の一つである。

次に，ガラス転移点について簡単に説明する。

6-2　ガラス転移点（Tg）

まず，ガラス転移現象を身近な日常の例として挙げてみることにする。その例にガムがある。ガムは常温では固いが，口の中で噛むとやわらかくなる。また，噛み終わったガムを冷蔵庫に入れると元のガムより固くなる。この現象は，まず口の中で体温に温められることによって，ガムのベースであるポリ酢酸ビニルの分子が動きやすくなり，冷蔵庫で冷やすと分子の動きが悪くなったことによる。言い換えると，ポリ酢酸ビニルは体温とほぼ同じ温度にガラス転移点（Tg）があることになる。このように，高分子の中の非結晶部分は，Tg以下の温度では分子運動性が低く（ガラス状態と呼ぶ），Tg以上に温度が上がれば運動性が大きくなる（ゴム状態と呼ぶ）。このTgは，適当な低分子（可塑剤と呼ぶ）を混入することにより，低下させることもできる。

非晶部分がガラス状態にある時は，分子鎖間の分子間力だけでなく，分子鎖が絡み合い，物理的束縛によって結晶並みに硬く（剛性率が大きく），流動性がない（粘度が測定不可能なほど大きい），すべての部分がその位置で熱振動している状態である。それに対して，非晶部分の分子鎖は分子鎖どうしが絡み合う点で結合して，架橋点となった網目構造を形成している。Tg 以上で急激に剛性と粘度が低下して流動性が増すゴム状態では，この編目構造によりゴム弾性（エントロピー弾性）を持つようになる。加えられた熱エネルギーによる分子鎖そのものの運動性の増大だけでなく，分子集合体としてよりいっそう活発に運動するようになる。要するに，非晶部分は分子鎖が交差している架橋点では分子どうしが結合され，分子集合体として振る舞い，溶解するようなことはないが，架橋点と架橋点との間の鎖状部分は熱エネルギーに比例して自由に運動し，非晶部分全体がゴムのように運動している状態である。したがって，温度が高くなればなるほど非晶部分の分子の運動空間が広がり（熱膨張するという），染色においては，染料の浸入が促進されることになる。

注）染料の分子サイズは 1 ～ 2 nm であるので，熱運動で繊維内に 1 ～ 3 nm の間隙ができると，染料分子は浸入できる

以上のように，熱を加えることは“繊維構成高分子鎖の運動性を増大させ，染料の浸入を妨げなくなる”と理解してもらえたと思うが，染色は染料水溶液中で行うので，染料水溶液中の染料も水に膨潤した親水性繊維も，熱を加えることによりさまざまな影響を受ける。

次に，簡単に染料や繊維の水和状態への影響について考えてみる。

6-3　染料の水和状態への影響

水の中に溶けた染料は，主にイオン性水和と疎水性水和により取り囲まれ，集団として水中を動き回っていると考えてよい。温度が上昇するとともに，そ

の動きはより活発になる。この際，染料に水和した水分子は，染料から離れないで一緒に動いているわけではない。これらの水和水は，束縛を受けていない水分子が水素結合を形成する速度に比べて遅いが，これらの水分子と同様に，水和水は周りの水分子と常に入れ替わっている（水和の状態は変わらないが，メンバーは常に変わっている。このイメージが重要）。この入れ替わりが温度上昇とともに早くなることは，容易に想像できるであろう。これは重要なことであり，物を溶かしたい時に温度を上げると，よく溶けるようになることに深く関係している。

しかし，この入れ替わりは，イオン性水和と疎水性水和では少し事情が異なる。すでに述べたように，イオン性水和は静電結合が主たる結合であるのに対し，疎水性水和は水素結合によるものである。この結合力の差が，温度上昇とともに顕著な差として現われ，イオン性水和は，水の入れ替わりは激しくなるが水和状態は維持されていると考えられるのに対し，疎水性水和をしている水分子は，温度上昇とともに運動性が高くなるため，周りの自由に動き回っている水分子との違いがなくなり，特別な「籠」構造が取れなくなる。結果的に，染料の疎水基を取り巻く水がなくなり，疎水基（染料分子）どうしが集まる確率が高くなるために，はじめより大きな粒子（会合するという）となり，溶けていることがたいへん不安定な状態になっていく。つまり，染料分子は水の中にいるよりは，染料どうしで集まるか，もしくは繊維と相互作用する方がより有利な状態となる。この傾向は，染料の疎水基の割合が大きいものほど顕著になる（この状態は，一方ではイオン性水和を作りやすくなり溶かし込もうとするのに対して，一方では疎水性水和しにくくなることから水からはじき出されようとしており，たいへん不安定な状態にあるといえる）。

6-4　繊維構成分子の水和状態への影響

繊維を考える場合，親水性繊維と疎水性繊維とでは水に浸かった場合の状態を別々に考えてきた。しかし，染色で熱を加えて温度が上昇する中で，繊維構成分子の水和状態が影響を受けるとなると，親水性繊維だけを考えて差し支えない。疎水性繊維については，熱が加わり分子運動が活発になるが，水分子とはあくまでも仲が悪く，ほとんど繊維内部には水は入らないと考えてよい。では，どのようにして染料が入っていくのかについては次章で述べる。

水と仲が良く，繊維内部が水で十分に覆われる親水性繊維（綿繊維が代表）でも，水中の染料分子と同様に，繊維構成分子（繊維内壁）の水和状態は，温度上昇とともに水分子の運動性が活発化するため，水和水の構造性は低くなる。同様に，繊維内部に浸入した染料の水和状態も構造性が低くなっているため，繊維構成分子と染料とが接近・結合しやすくなっている。その結果，染料の繊維内部への浸入もスムーズになり，吸着が増大するようになる。

ところで，親水性繊維の場合，染料の吸着は低温でも起こっている。しかし，低温では繊維構成分子に吸着した染料は温度が低いため運動性が低く，染料はその場を離れにくいが，温度が高くなると染料も繊維構成分子も運動性が高くなるため，繊維構成分子と染料との結合が切れやすく，染料によっては吸着した場所（吸着座席）から離れ，別の場所に吸着するようになる。この現象をマイグレーションと呼び，繊維が均一に染まる重要な要因となる。

Notes

(1) 融点（結晶部分での熱の作用）

固体の結晶を加熱していくと，ある温度で液体に変わりはじめ，固体と液体が共存する間は温度が一定に維持され，固体がすべて液体に変わると，またその温度が上昇していく（この溶けはじめる温度を融点と呼ぶ）。この現象は，日常よく見かける現象であり，氷が溶けて水になる現象や，ラードを加熱すると溶けて液体の油となるが，冷ますとまた白い固体に戻る現象などが挙げられる。繊維の結晶部分も加熱すると，氷のように溶けて（溶融するという）液体状態になり，繊維そのものが形態を保てないほど分子の流動性が大きくなる（天然繊維ではこの現象は見られず，分解してしまう）。

(2) ガラス転移点（非結晶部分での熱の作用）

融点は温度軸の1点であり，固体と液体という異なる相が共存した平衡状態で，ある温度として正確な1点に定まる。一方，ガラス転移点は非平衡状態で測定するもので，点ではなくある温度範囲であり，また温度変化速度でも変わる。つまり，ガラス状態と液体状態とが一定の温度で共存して平衡状態となることはない。実用的には，測定する物性の温度変化グラフに現われるピーク上のある点（たとえば，ピーク頂点）をガラス転移点と定義する。

多くの物質では，ガラス転移点より高温に融点が存在し，ガラス転移点と融点との間の温度の液体状態は過冷却状態ということになる。それゆえ，この温度範囲の液体は，平衡的には結晶よりも不安定な準安定状態であるが，結晶化速度が遅かったり，結晶核などがないと結晶化のエネルギー障壁が高かったりするために，液体状態を保っている。

ポリエステルの融点は260～265℃で，分解点が300℃以上である。ガラス転移点は69～80℃にあり，ナイロンのそれより高い。

Notes

- **塑性（Plasticity）**：外力を加えて，ある一定以上になった時に連続的に変形し，外力を取り除いても元の状態に戻らない物質の性質のことをいう。「塑性」の要素として，「延性」と「展性」がある。

- **可塑性**：「塑性」に等しい。

- **熱可塑性**：熱によって塑性を表わす性質。加熱することによって変形し，放熱して加熱状態から解かれても，変形したままとなる性質。

第7章

染料は非晶部分にどのように入っていくのか？

ここまで，染料が水に溶けると，水とどのように付き合っているか（水和状態），同様に，繊維も水に浸かった場合に，水とどのように係わり（水和状態），どのように変化（膨潤）するか，熱が加わることによって，低分子である染料分子および水分子がどのように運動するか，また，高分子である繊維（非晶）構成分子の運動（分子結合の伸縮，回転，振動）はどうであるかについて概観してきた。

また，染色現象を考える時，繊維を結晶部分と非晶部分とから構成されている2相モデルで考えればよく，水が浸入できる部分や熱（～130℃）によって運動が活発になる部分は非結晶部分であることも説明した。

では，もう少し，染料が繊維内に浸入していくようすについて考えてみることにする。まず，染料は染浴内を動きまわり，繊維表面に到達する。その染料が繊維内部に浸入することになるが，到達した染料がすべて繊維内部に浸入できるわけではない。染料が繊維内に入るためには，染料の大きさに応じた大きさの穴［毛細管（細孔）あるいは隙間］ができなくてはならない。この穴は非晶部分にできるが，この穴のでき方は親水性繊維では水による膨潤に，疎水性繊維では熱により分子運動に依存する*)。いずれの穴も構成分子の運動により，その穴の大きさは刻々と変化しており，ある瞬間には非常に大きくなった

---

*）水の吸着により穴（細孔）はできるが，細孔壁を構成する構成分子の運動によってそのサイズは変化する。

り，次の瞬間小さくなったりする。そのため，染料が繊維内部に浸入できるのは，自分より大きなサイズの穴ができた瞬間だけとなる。このようなことは，疎水性繊維ほどその傾向が強くなる。

望まれる染色が行われるには，浸入した染料がさらに深く繊維の内部へと浸入（拡散）していかなければならない。この繊維内部（非晶部分）を染料が進んでいくようす（このようすを拡散挙動という）を説明するために，これまでいろいろなモデルが提案されてきたが，次に説明する代表的な二つのモデルを理解することで十分であろう。

7-1　細孔モデル

このモデルは親水性繊維を対象としたものであり，水により膨潤することで非晶部分に細い孔（毛細管）が形成され，その中を染料が拡散していくとしたものである（図7.1）。つまり，毛細管の中は水で満たされており，染料分子が毛細管壁を構成する構成分子と互いに関係し合い（相互作用）ながら，染料濃度の低い方（繊維内部）へと拡散していくとしたモデルである。

このモデルが最も適合する繊維と染料の組み合わせは，綿やレーヨンのセルロース繊維と，直接染料と呼ばれる染料グループに属する染料との組み合わせである。直接染料は，セルロース繊維と相性の良い染料のグループ名であり，それの属する染料の分子サイズ（分子量）は，染料の中で最も大きい。つまり，セルロース繊維は水と仲が良く，容易に水を吸い込んで膨潤し，非晶部分に直性染料の浸入を可能とする大小さまざまな毛細管ができ，浸入した直接染料がその水に満たされた毛細管内を繊維内部へと拡散する。

このモデルは，直接染料グループに属さない水溶性染料でも適用できる。たとえば，絹や羊毛繊維への酸性染料（絹，羊毛，ナイロンと相性の良い染料グループ名で，そのグループに属する染料のこと）の拡散も，ほぼこのモデルで考えて差し支えない。すなわち，水で膨潤する繊維であれば適用できるが，疎

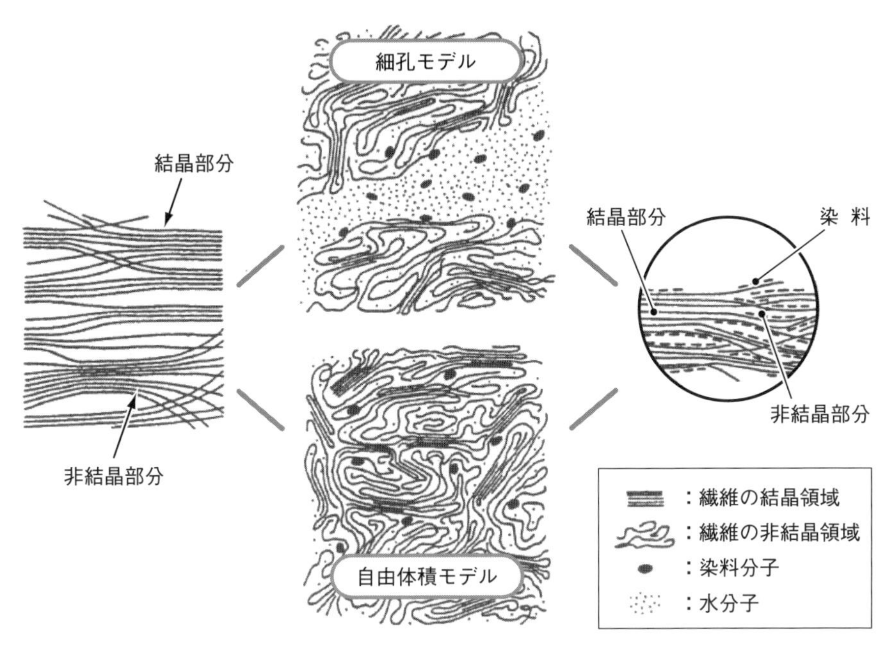

図7.1　繊維内部への染料の拡散挙動を示す代表的モデル（細孔モデルと自由体積モデル）

水的性質が強まるにしたがい，次に説明するモデルの挙動も含まれるようになる。

7-2　自由体積モデル

このモデルは，疎水性繊維を対象としたものであり，熱による非晶構成分子の運動によって瞬間的にできる隙間（自由体積）に染料が飛び込み，さらに，隣の隙間に飛び移りながら繊維内部へと拡散していくとするものである（図7.1）。このモデルでは，隙間と隙間はつながっていないため，染料は隙間から隙間へ不連続的に飛び移るが，飛び移れるだけの勢い（活性化エネルギー）を持っている染料だけが飛び移ることができると取り扱う（活性化拡散理論）。

このモデルが最も適合する繊維と染料の組み合わせは，疎水性繊維の代表であるポリエステルと，分散染料と呼ばれる染料グループに属する染料との組み合わせである。分散染料はポリエステルと相性の良い染料のグループ名であり，それに属する染料は分子サイズ（分子量）が染料の中で最も小さい染料である。つまり，ポリエステルは水で膨潤しないが，高温（Tg より高い温度）になると非晶部分の構成分子が活発に運動し，その運動に伴い，非晶部分には小さな隙間ができる。一方，分散染料は水とは相性が良くないため，常により居心地の良い場所を求めて動き回っており，その動きも高温ではより活発となって，繊維へ飛び移るためのエネルギーを蓄えている。これら隙間と十分なエネルギーを蓄えた染料とのタイミングが合うと，染料が繊維内に浸入し，さらに内部の隙間へと拡散していく。

このモデルは，基本的にはポリエステルやアセテートのような疎水性繊維と，分散染料のような水不溶性染料に適用されるが，上述したように，絹や羊毛繊維のような水で膨潤する親水性繊維においても，部分的にこのモデルが適用される挙動が知られている。

第８章

染料は非晶部分のどこに染まっているのか？

―― 座席は存在するのか ――

繊維に浸入した染料は，繊維の種類によって細孔モデルもしくは自由体積モデルで説明されるような方式で，繊維内部に拡散することがわかった。では，染料は非晶部分のどこに吸着し（特定の場所に吸着する場合，その場所のことを吸着座席あるいは単に座席と呼ぶ），どのように結合（結合様式）しているのであろうか。これらの点について考えてみることにする。

染料は，細孔モデルであろうが自由体積モデルであろうが，繊維内を拡散している間は常に非晶構成分子と係わりを持ちながら移動し，非晶部分のどこかに落ち着くはずである。まず，この落ち着く場所について考えてみる。

8-1　吸着等温曲線

染料（吸着質）が，繊維の非晶部分（吸着媒）のどの場所［吸着座席，隙間（自由体積）］に落ち着くか（吸着するか）を調べるために，吸着等温曲線（等温吸着曲線ともいう）が用いられてきた。吸着等温曲線とは，吸着するものと吸着されるものとの関係を表わしたグラフである。染着現象とは，染料が吸着する現象であり，吸着現象の一種である。一般に，吸着する量（吸着量：重さや濃度などで表わす）は温度や圧力（吸着質濃度）などで変化するので，吸着等温曲線は一定の温度，圧力（大気圧）下で調べられる。すなわち吸着等温曲線とは，一定温度で圧力（濃度）を変えた時に吸着量がどのように変化するかを測定し，圧力（濃度）と吸着量との関係で表わしたグラフのことである。ただし，吸着量は平衡状態での値である。

吸着における平衡状態とは，吸着するものと吸着したものの中で，はずれる（脱着する）ものとの量が同じで，見掛け上，量的な変化が見られない状態をいう（むずかしくいうと，可逆反応において，順方向の反応と逆方向との反応速度がつりあって，反応物と生成物の組成比がマクロ的に変化しなくなる状態を指す。動的平衡状態ともいう）。

では，なぜ一定条件下で得られる平衡状態での関係を調べるのであろうか。たとえば，染料が細孔モデルで表わされる方式で繊維内に浸入・拡散するとした場合，初期段階では浸入した染料は細孔内部のどの場所でも選べ，きょろきょろと落ち着かず，最初に吸着した場所に留まらずに別の場所に移動する。このような状態では，この染料がどのように落ち着くのかを推察することはできない。そこで，十分に時間を掛けることで，浸入した染料が周りの状況に合わせて落ち着き，一番居心地の良い場所に落ち着いた状態となれば，この状態を調べることにより，染料が繊維の非晶部分（吸着媒）のどの場所［吸着座席，隙間（自由体積）］に落ち着いたか（吸着したか）を予想することができる。このために平衡状態での関係を調べるのである。

では，吸着等温曲線から何がわかるのかを説明する。

8-2　気体の固体への吸着等温曲線

まず，最も古くから調べられている，気体の固体への吸着現象（図8.1）を例にとって説明する。気体が固体に吸着する場合の吸着等温曲線にはさまざまなタイプが存在するが，一般的な吸着等温曲線は，圧力（濃度）が低いところで急激に吸着量が増え，途中で中だるみがあって，最後にまた一気に吸着量が増大するような曲線を描く。

この場合，気体分子は固体内部に浸入するのではなく，固体表面に吸着する

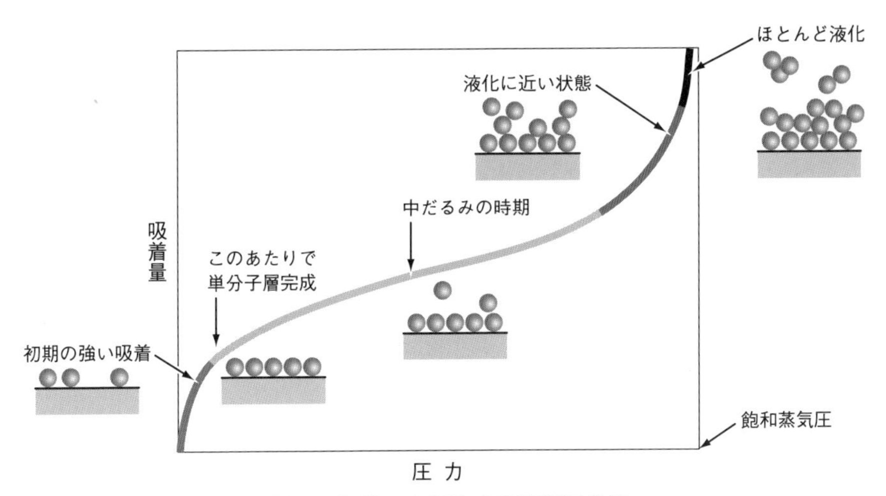

図8.1　固体への気体の吸着等温曲線

系を考える。とすると，初めに吸着量が急増する部分（初期吸着）は，ほとんど裸の固体表面への吸着であるので，気体分子は直接に固体表面と手をつなぐことができる。この状況は，固体表面がほぼ1層の気体分子で覆われる（単分子層吸着）まで続く。ところが，固体表面がほぼ覆い尽くされて吸着する場所（空席）が残り少なくなると，運良くその空席にぶつかった気体分子しか吸着できない。気体分子には空席を遠くから見つける能力はない。そのため，気体分子はただ適当に飛び回ってぶつかるだけで空席を見つけることができず，圧力が高くなっているにもかかわらず，吸着量の伸びが鈍くなる。また，席に着いた気体分子はおとなしく座っているとは限らず，そわそわと席を離れる者も出てくることも吸着量の伸びを鈍くする。

空席がほとんどなくなった吸着等温曲線の中央付近の直線状の部分では，気体分子はすでに席に着いている分子の上に強引に乗っかるようになる（多分子層吸着）。ただし，気体分子どうしのつながりは，気体分子と固体表面とのつながりほど強くはないので，吸着量の伸びはさほどではない。しかし，気体分子の数がさらに増えてくる（濃度が高くなる）と，このような弱いつながりでもないよりはまし，ということで，気体分子がどんどん重なっていく状態になる。上に重なる気体分子から見ると，固体表面はずっと下のほうに隠れているのであるが，それでも多少の影響力を受けて重なっている。

ところが，さらに気体分子が増加すると，もう固体表面からの影響力もなくなり，気体分子どうしが空中でも手をつなぐようになる。こうなると，もう吸着ではなく液化状態であり，吸着等温曲線の最後の急上昇は，このような液化に向かう段階を示している。

8-3　染色で見られる吸着等温曲線

染色においても，一定温度で染浴の染料濃度（モル濃度：mol/L）を変えた時に，吸着量［繊維１g 当たりの染料濃度（モル濃度：mol/g)］がどのように変化するかを測定し，染料濃度（mol/L）と吸着量（mol/g）との関係を表わした吸着等温曲線を求めることができる。繊維には多くの種類があり，それに適応する染料にも多くの種類があるため，得られる吸着等温曲線にもさまざまなタイプのものが報告されている。

これまで報告された曲線を整理分類すると，以下の４つのタイプ，

・ヘンリー型（Henry 型：H）

・フロインドリッヒ型（Freundlich 型：F）

・ラングミュア型（Langmuir 型：L）

・二元収着型（Dual mode 型：H ＋ L）

に分けることができる。これら４つのタイプの曲線を，図8.2に示す。

まず，一つめのヘンリー型であるが，気体の圧力と溶解量の関係（分配則）が気体の吸着量にも成立するとして，吸着等温式は，

$$v = \mathrm{k}p \cdots\cdots\cdots\cdots \text{（式8.1）}$$

［ただし，v は吸着量を，p は気体の圧力，k は定数(分配係数)を示す］

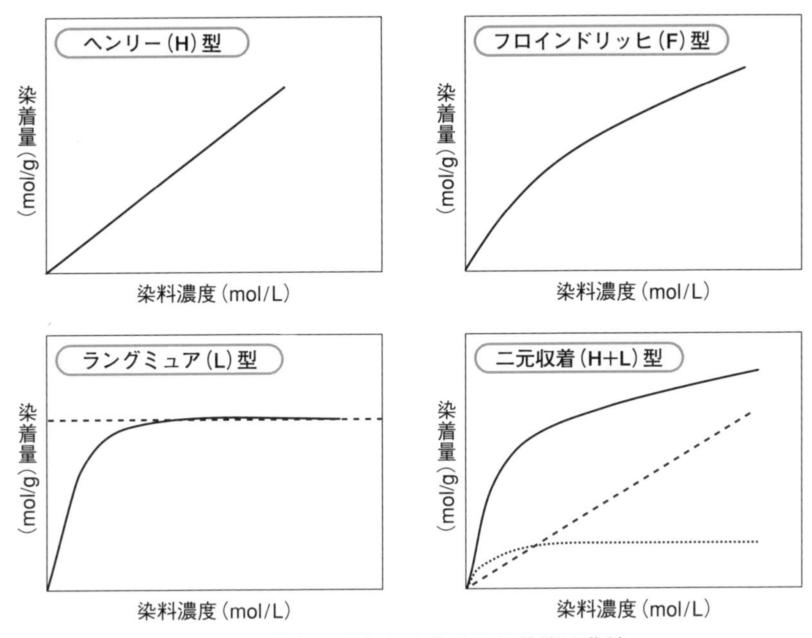

図8.2　染色で見られる代表的吸着等温曲線

で表わされ，直線型の吸着等温曲線となる。また，圧力を濃度で置き換えた式（式8.2）がそのまま成立するとして，溶液中の溶質（染料）が，ある一定温度下で固体（繊維）に吸着される際の濃度と吸着量の相関関係を表わしているとして取り扱われている。

$$[D]_f = k[D]_s \cdots\cdots\cdots\cdots \text{（式8.2）}$$

〔ただし，$[D]_f$ は染着量を，$[D]_s$ は染浴中の染料濃度，k は定数（分配係数）を示す〕

このことから，ある繊維をある染料で平衡染色した結果，ヘンリー型の曲線が得られたなら，この染料は繊維内部（非晶領域）の隙間（自由体積）に溶け込むように浸透し，不特定座席に吸着していると捉えることができる。この場合，染着量は分配係数（染料と繊維の組み合わせによって決まる）と，非晶領域の体積分率（繊維によって異なる）に依存することになる。この代表的な染色例としては，もうおわかりと思うが，ポリエステルの分散染料による染色が挙げられる。

次に，ラングミュア型であるが，アーヴィング・ラングミュアによって1918年に導出された理論的な吸着等温式に当てはまる吸着等温曲線である。

この式を導くために，以下のような仮定が挙げられる。

- 吸着媒には有限な数 N の吸着座席があり，そこだけで吸着質分子と結合する。
- すべての吸着座席は等価である。
- 一つの吸着座席は，一つの吸着質分子としか結合しない。
- 空の吸着座席 M，気相中の吸着質 S，吸着座席に結合した吸着質 M－S の間に，M＋S ←→ M－S の化学平衡が成立する。

上記の化学平衡の平衡定数を K とすると，

$$K = \frac{N\theta}{N(1-\theta)p} \quad \cdots\cdots\cdots\cdots \text{（式8.3）}$$

となる。θ は吸着されている吸着座席の割合である。p は圧力を表わし，$\theta = 1$ の時の吸着量（飽和吸着量）を v_{max} とすれば吸着量 v は，

$$v = \frac{v_{max}pK}{1 + pK} \quad \cdots\cdots\cdots\cdots \text{（式8.4）}$$

となる。ラングミュアの吸着等温式では，$\theta = 1$ は表面上の吸着座席がすべて吸着分子に覆われている状態（単分子層吸着）を表わすので，θを表面被覆率または被覆率と呼ぶ。

式8.4を，染色で与えられる$[\mathrm{D}]_{\mathrm{f}}$と$[\mathrm{D}]_{\mathrm{s}}$を用いて表わすと，

$$[\mathrm{D}]_{\mathrm{f}} = \frac{Kv_{max}[\mathrm{D}]_{\mathrm{s}}}{1 + K[\mathrm{D}]_{\mathrm{s}}} \quad \cdots\cdots\cdots\cdots \text{（式8.5）}$$

のようになる。

吸着座席が存在するということは，吸着媒表面に吸着分子と特異的に結合する部分があることを示しており，ラングミュア式は化学吸着の挙動や，イオン

結合のような強い相互作用により分子が吸着するような場合を記述できる式である。このことから，ある繊維をある染料で平衡染色した結果，ラングミュア型の曲線が得られたなら，この染料は繊維内部（非晶領域）の特定の座席に吸着していると考えられるのである。この代表的な染色例としては，もうおわかりと思うが，羊毛，絹，ナイロン（イオン性繊維）の酸性染料（イオン性染料）による染色が挙げられる。

これらモデルより導かれた吸着等温式による曲線と異なり，二元収着型やフロインドリッヒ型吸着等温曲線は実験的に得られた曲線である。まず，二元収着型は，羊毛，絹，ナイロン（イオン性繊維）の酸性染料（イオン性染料）による染色で多く見ることができる。逆にいうと，実際の染色実験で完全なラングミュア型の吸着等温曲線は滅多に見られない。これは，これまで説明したように染料分子には疎水性部分がかなりのウエートを占めており，これらが繊維の疎水性部分と疎水性相互作用することが関係している。すなわち，染料の疎水性部分は，繊維の特定の疎水性部分と係わりを持つのではなく，不特定の疎水性環境場（座席）に吸着すると考えられている。

そこで，実験で得られた二元収着型吸着等温曲線を解釈する上で，平衡状態にある染着染料をイオン性座席に吸着した染料と，その他の不特定多数の座席に吸着した染料の2種類に分けて考えることから，二元という言葉が使われている。この取り扱いには，その中間にある，どちらの座席にも吸着している染料を，どちらかに分類して考えることになる。

このような考えにしたがうと，二元収着等温式は，

$$[D]_f = \frac{K_L v_{max}[D]_s}{1 + K_L[D]_s} + K_H[D]_s \quad \cdots\cdots\cdots\cdots \text{（式8.6）}$$

（ただし，K_L と K_H はそれぞれラングミュア型とヘンリー型の平衡定数を示す）

で表わすことができる。それぞれ単独の吸着等温曲線を示すと，図8.2のようになる。具体的には，この曲線をカーブフィッティング法により解析して，K_Lと K_H等のパラメータを求める。

最後に，フロインドリッヒ型吸着等温曲線については具体的なモデルを組むことができないが，フロインドリッヒが経験式として導いた式8.7が，染色で得られた吸着等温曲線にもよくフィットするため，広く使用されている。

$$v = ap^{1/b} \longrightarrow [\mathrm{D}]_{\mathrm{f}} = a[\mathrm{D}]_{\mathrm{s}}^{1/b} \quad \cdots\cdots\cdots\cdots \text{（式8.7）}$$

（ただし，a，b は実験的に定められる定数である）

この型が適用される代用的な染色例は，セルロース系繊維の直接染料による染色が挙げられる。直接染料はイオン性染料であり，繊維に浸透した際にもアニオンとして振る舞っていることから，セルロースの水酸基はイオン性水素結合による特定の座席と考えられる。しかし，直接染料は分子量が大きく，疎水性部分のウエートがたいへん高いことは周知のとおりである。そのため，疎水性水和の影響が強く現われ，疎水性相互作用の寄与の方が大きく，不特定多数の座席に吸着するヘンリー型吸着が主になると考えられる。式8.7の定数ｂが

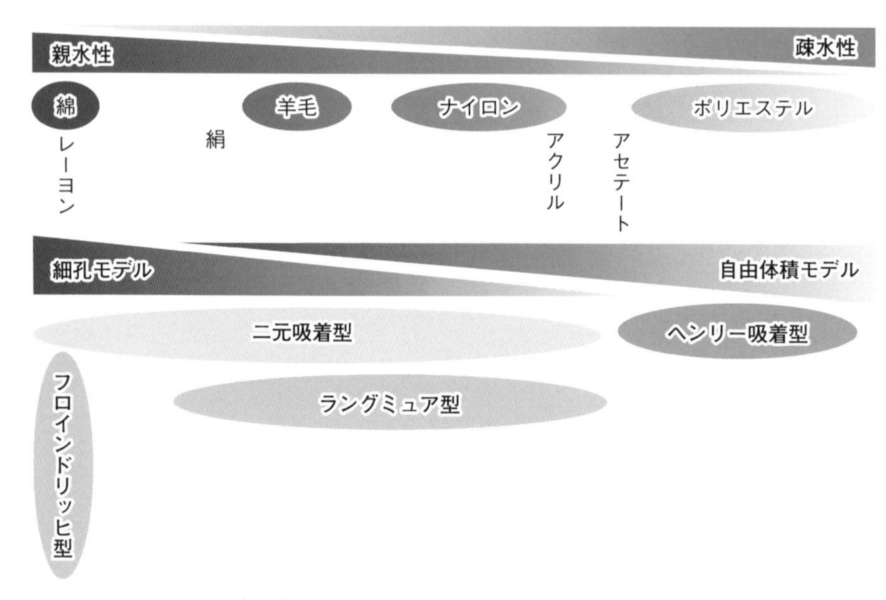

図8.3　各種繊維とその浸透拡散モデルと吸着座席との関係

1であれば，ヘンリー型の式8.1と同じになることからも理解できる。見方を変えると，フロインドリッヒ型も二元収着型の一種と考えることもできる。

これまで述べてきたことをまとめると，繊維を親水性／疎水性のバランスで並べ，それらの染料の浸透拡散モデルと座席の種類で整理すると，図8.3のようになる（厳密な関係ではなく，イメージであることに注意）。

Notes

〈動的平衡〉

動的平衡（どうてきへいこう：dynamic equilibrium）とは，物理学・化学等では，互いに逆向きの過程が同じ速度で進行することにより，系全体としては時間変化せず平衡に達している状態をいう。

系と外界とは，やはり平衡状態にあるか，または完全に隔離されている（孤立系）かである。なお，ミクロに見ると常に変化しているが，マクロに見ると変化しない状態である，といういい方もできる。

可逆反応で，正反応と逆反応の速度が同じ場合には動的平衡となり，反応系を構成する各物質の濃度は変化しない（化学平衡）。また，密閉容器の中に水と空気を入れておき，水蒸気が飽和蒸気圧に達すると，水の蒸発速度と水蒸気の凝縮速度が等しくなり，動的平衡に達する（これを相平衡という）。

熱平衡でも，実際には熱エネルギーはすべての方向へ全く同じように伝わっている，つまり動的平衡状態と考えることができる。

これらの例を構成する互いに反対の「流れ」は，一般にそのままでは観測することができない。ただし，対象によっては分子を個別または定量的に見る方法で観測が可能である。通常，系を平衡からわずかにずらして，平衡に戻る過程を観察すれば，流れとして観測できる。

Notes

〈平衡定数と速度定数の関係〉

一般の化学反応は，非平衡過程であることから熱力学で記述できず，時間変化を扱う反応速度論の範疇にある。しかし，可逆反応による動的平衡状態では熱力学と反応速度論の両方が適用でき，それぞれにもとづく概念である平衡定数と速度定数との関係式を導くことができる。

可逆反応　$A + B \leftrightarrow C + D$

を考えると，

正反応速度は，$v+ = k^{+}[A][B]$

逆反応速度は，$v- = k^{-}[C][D]$

となる。ただし k^{+}，k^{-} はそれぞれ正反応，逆反応の速度定数で，[ ] は各成分の濃度（または分圧，活量）を表わす。

また，動的平衡状態では両反応の速度が等しく，

$v+ = v-$

となるので，

$k^{+}[A][B] = k^{-}[C][D]$

となり，平衡定数Kは，

$K = [C][D] / [A][B]$

であるから，

$K = k^{+}/k^{-}$

という関係式が導かれる。これは，酸・塩基の解離平衡や生体高分子などの会合・解離にも適用できる。

第 9 章

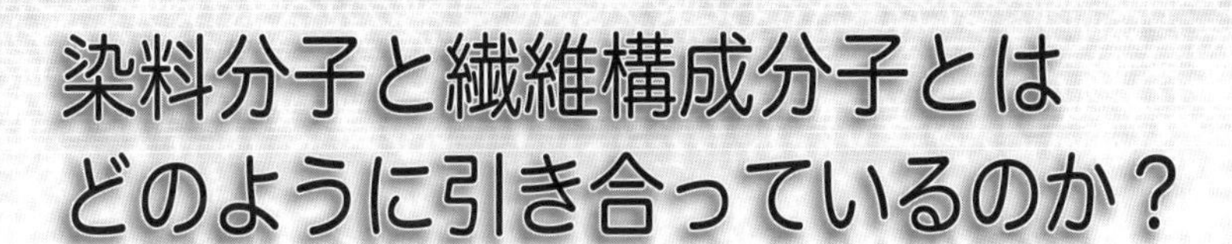

染料分子と繊維構成分子とはどのように引き合っているのか？

――結合の種類とその力――

これまで，吸着が起こる理由を「仲が良い」「居心地が良い」「安定である」などで表現してきたが，このような「居心地の良さ」や「安定性」を作り出すもと（基）になるものは何であろうか。このことについて考えるには，これまでの定性的な捉え方ではなく，より定量的な捉え方をする必要がある。その定量的な判断基準には，熱力学の助けが必要となる。すなわち，エネルギーと乱雑さの概念を用いて考えていくことになるが，まず，互いが引き合う力が強ければ強いほど，「居心地の良さ」や「安定性」を作り出すと考えてよい。

第８章で“染料は非晶部分のどこに吸着し，どのように結合（結合様式）しているか”という命題を出したが，「互いが引き合う力」は“どのように結合（結合様式）しているか”と同義である。すなわち，染料は非晶構成分子と結合するが，その結合する力（結合力）が強ければ強いほど，言い換えれば結合エネルギーが高ければ高いほど「居心地の良さ」や「安定性」が良いことになる。

では，その結合とはどのような結合なのかであるが，これまでに述べてきたことにしたがえば，染料がラングミュア型吸着をする場合は，特定の座席（イオン性基）と染料（イオン性基）とが強い結合力を持つ結合様式（イオン結合）で結合しており，ヘンリー型吸着をする場合には，吸着する（無極性あるいは疎水性）吸着場とは，さほど強くない結合力を持つ結合様式で結合していると予想できるであろう。

それでは，互いが引き合う力，または結合力を持つ結合（様式）にはどのようなものがあるのであろうか。以下に簡単に説明する。

結合様式（結合の種類）は，強い結合と弱い結合とに大別され，強い結合には共有結合，配位結合，イオン結合が，弱い結合には水素結合，ファンデルワールス結合がある。これまで説明してきた染着現象で作用している「互いが引き合う力」は，イオン結合，水素結合，ファンデルワールス結合であり，共有結合および配位結合は特殊な例になる。これらの結合の中で，いずれの繊維と染料の組み合わせにおいても必ず働いている結合は，ファンデルワールス結合である。

9-1　ファンデルワールス結合

ファンデルワールス結合とは，ファンデルワールス力と呼ばれる引力（凝集力）による結合である。ファンデルワールス力は，ヨハネス・ファン・デル・ワールスが実在気体の状態方程式を定式化した際に導入された凝縮力であり，電荷を持たない中性の原子，分子間などで主となって働く凝集力の総称である。

ファンデルワールス力の発生（図9.1）は，電荷的に中性で，かつ電荷の偏

(1) 電子の量子的挙動による自発的分極（分散力：非極性ファンデルワールス力）

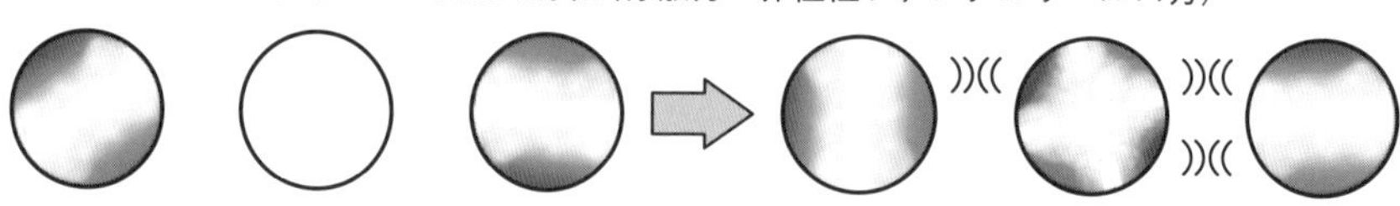

(2) 外部電荷による分極（誘起力：極性ファンデルワールス力）

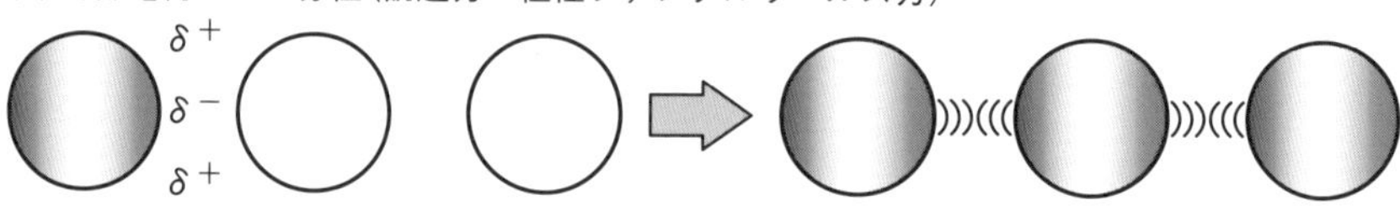

図9.1　ファンデルワールス力の発生

り（双極子モーメント）がほとんどない無極性分子であっても，分子内の電子分布は，定常的に対称で無極性な状態が維持されるわけではない。瞬間的には非対称な分布となる場合があり，これによって生じる電荷の偏り（電気双極子：双極子モーメント）が，同様にしてできた周りの分子の電気双極子どうしと相互作用することによって凝集力を生じる。このように，動的に形成される双極子どうしの引力を分散力（ロンドン分散力，また非極性ファンデルワールス力とも呼ぶ）という。

また，ある分子に発生した電荷の偏り（双極子）は，他の無極性分子の電子分布を静電誘導により励起される一時的な電荷の偏り（励起双極子）を発生させ，それらの分子の電気双極子どうしと相互作用することによっても凝集力（配向力あるいは誘起力と呼ぶ。また，極性ファンデルワールス力と呼ぶ）が生じる。その結合力（ポテンシャルエネルギー）は，一時的な電荷の偏りによる静電相互作用に起因しているが，クーロンの法則のように距離の２乗ではなく，距離の６乗に反比例する。すなわち，力の到達距離は短く，かつ非常に弱い。

9-2　水素結合

次に関連の深い結合は，おなじみの水素結合である。水素結合についてはすでに説明したが，ここではもう少し違った見方をしていくことにする。

水素結合は，フッ素，酸素，窒素などの電気陰性度が高い原子（陰性原子）に共有結合で結び付いた水素原子が，近傍に位置した分子内の窒素，酸素，硫黄，フッ素，π 電子系などの孤立電子対と作る非共有結合性の引力的相互作用である。水素結合はもっぱら，陰性原子上で電気的に弱い陽性（δ^{+}）を帯びた水素（図9.2：水分子の例）が周囲の電気的に陰性（δ^{-}）な原子との間に引き起こす静電的な力として説明されることが多い。つまり，双極子相互作用のうち，「特別強いもの」として考えることもできる。

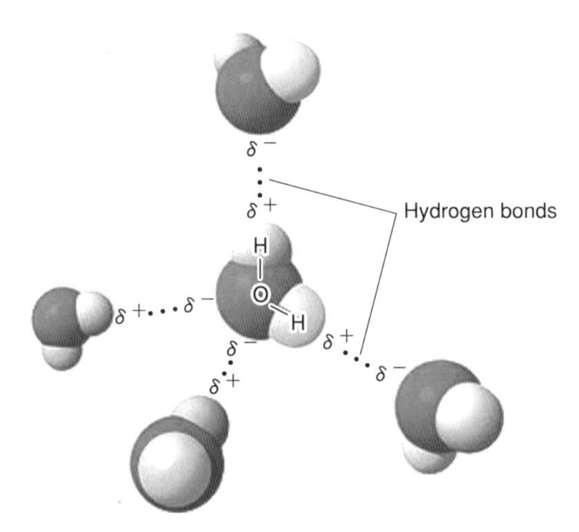

図9.2　水分子間の水素結合のモデル

ただし，水素結合はイオン結合のような無指向性の相互作用ではなく，水素・非共有電子対の相対配置にも依存する相互作用であるため，水素イオンの「キャッチボール」と表現されることもある。

典型的な水素結合（5～30kJ/mole）は，ファンデルワールス結合より10倍程度強いが，共有結合やイオン結合よりはるかに弱い。

今まで説明してこなかったが，ファンデルワールス結合や水素結合が主な結合となる「繊維と染料の組み合わせ」を考えてみると，

・セルロース系繊維（綿，麻，レーヨン）……直接染料

・ポリエステル（またはアセテート）繊維……分散染料

の組み合わせが典型的な組み合わせである。この組み合わせは，吸着等温曲線の項で述べたように，ヘンリー型吸着が主となる組み合わせであることがわかる（フロインドリッヒ型もヘンリー型と見なすことができる）。

ここで，復習も兼ねて，なぜこの組み合わせの相性が良いのか，どうしてセルロース繊維は分散染料では染まらないのか，また，なぜポリエステル繊維は直接染料では染まらないのかを考えてみる。この組み合わせからもわかるよう

に，セルロース繊維とポリエステル繊維は物理吸着（結合力の弱い結合が関与した吸着）によって染まる繊維であり，働く結合はファンデルワールス結合や水素結合であり，同じである。いま説明したように，これらの結合の結合力は弱い。それなのに実用染色に耐えるだけの耐久性を有しているのは「なぜなのか？」を考えてみる。

まず，ポリエステル繊維が直接染料で染めることができない理由であるが，これは容易に想像がつく。この繊維は，自由体積モデルで示されるような方式で染料が繊維内部に浸入する。したがって，染色は分散染料のような分子量の小さい染料しか，熱運動によってできた隙間に浸入できない。つまり，直接染料は体が大きすぎて繊維内部の穴に入り込めないためである。次に，結合する力（結合力）が強ければ強いほど「居心地」や「安定性」が良いことになると説明したが，ポリエステルと分散染料との間に働く力が，ファンデルワールス結合や水素結合であることからさほど強くない。それなのに「居心地」や「安定性」が良いためか，耐久性（堅牢度）はたいへん良い。これは，結合による居心地の良さではなく，ポリエステル繊維の構成分子が常温ではほとんど動かず，いったん入り込んだ染料が出てこられないためである。このように，ポリエステル繊維と分散染料の組み合わせは，互いが引き合う力というよりは，物理的要因が強く働いているといえる。

それに対して，セルロース系繊維が分散染料では染まらない理由は「互いが引き合う力」に関係している。セルロース系繊維の染色は細孔モデルで説明できる。したがって，分子量の大きな直接染料がその細孔内に浸入できるのであれば，当然分散染料も浸入できる。それなのに，洗浄すると分散染料はセルロース繊維にはほとんど残っていない。ほとんどが洗浄とともに出て行ってしまう。この原因は，細孔を形成しているセルロース分子と染料との結合力が関係している。直接染料も分散染料も，ともにセルロース分子との間に働く結合はファンデルワールス結合や水素結合であり，同じである。では，なぜか？簡単なことである。これらの結合は分子量に応じて，その結合数が増大するためである。直接染料の分子の大きさが分散染料の分子の大きさに比べて大きく，一つの結合の結合力は弱いが，その数が多くなると全体としての結合力は強くなり，より「居心地の良さ」や「安定性」が得られることになる。分散染料は分子量が小さいため全体としての結合力も小さいことから，容易に洗い流されてしまうことになる。

9-3　イオン結合

ファンデルワールス結合や水素結合が弱い静電的な結合であったのに対して，イオン結合はより強い静電的な結合である。前2者は分子間にできる正負の電荷の偏りによる（双極子）相互作用であったが，後者は少なくとも一方が永久的な電荷または電荷の偏りを持っている時に発生する。一般的には，正電荷を持つ陽イオン（カチオン）と負電荷を持つ陰イオン（アニオン）の間の静電引力（クーロン力ともいわれる）による化学結合であると説明される。もう少し詳しく見てみると，たとえば図9.3のように，固体表面に永久的な電荷が

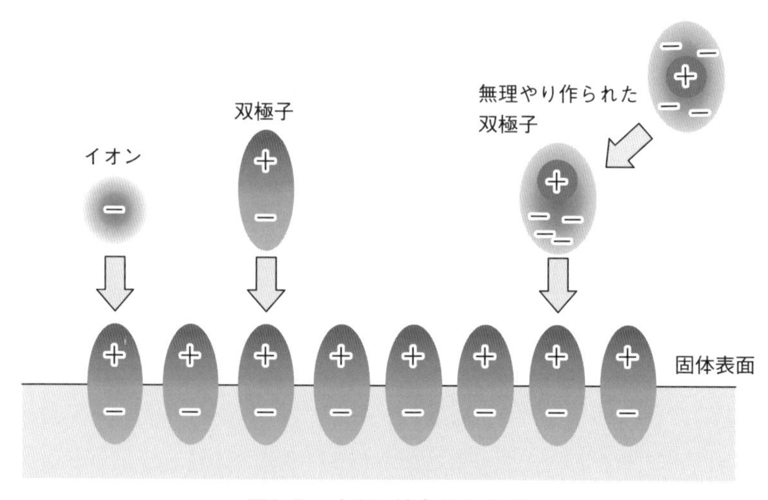

図9.3　イオン結合のようす

あった場合，これらの電荷により，その表面には電場と呼ばれる電気的な場が作られる。この電場に，イオンや電荷の偏りを持った分子（双極子）が近づくと，図のように電気的な強い引力（場合によっては反発力）が働く。また，このような電場を持った表面に，電気的に中性の分子がきた場合でも，電場によって無理矢理に電荷が偏らされて（誘起双極子），やはり引力が働く。これは，磁力を持たない鉄が磁石によって強制的に磁化されて吸い付けられる現象とよく似ている。

ファンデルワールス結合や水素結合以外に，イオン結合を主たる結合とする「繊維と染料の組み合わせ」は，

・タンパク質系繊維（絹，羊毛）……酸性染料（塩基性染料）

・ポリペプチド繊維（ナイロン）……酸性染料（塩基性染料）

・アクリル（系）繊維…………………カチオン染料

である。この組み合わせは，吸着等温曲線の項で述べたようにラングミュア型吸着を主とする二元収着型吸着を示す組み合わせであることがわかる。

すなわち，タンパク質系繊維とポリペプチド繊維では，染浴のpHを調整することにより繊維をカチオン化［具体的には，繊維構成分子の末端アミノ基（$-NH_2$）がプロトン化したアミノ基（$-NH_3^+$）となる］することで，酸性染料が持つ「解離してアニオン化したスルホ基（$-SO_3^-$）」とイオン結合する。また，アクリル（系）繊維はポリペプチド繊維と逆に，構成分子のスルホ基（$-SO_3H$）をアニオン化し，カチオン染料のカチオン性基である四級アンモニウムイオンと結合する。このようなイオン結合の強さは水素結合に比べて1桁大きく，直接染料のような水素結合や，またファンデルワールス力のように結合数でカバーする必要がなくなるため，酸性染料には分子量の小さなもの（レベリング染料）が使用される。実際の染色では，水素結合およびファンデルワールス力の力が大きく働く分子量の大きいもの（ミリング染料）や，後ほど説明する配位結合の力を借りるもの（酸性媒染染料）などが多く使われている。一方，カチオン染料では自由体積モデルで染色されるアクリル繊維が対象

Notes

〈分子間力〉

分子間力は，分子どうしや高分子内の離れた部分の間に働く電磁気学的な力である。力の強い順に並べると，次のようになる。

イオン間相互作用 > 水素結合 >
極性ファンデルワールス力 > 非極性ファンデルワールス力

これらの力は，いずれも静電相互作用にもとづく引力である。イオン間相互作用，水素結合，極性ファンデルワールス力は永続的な陽と陰との電気双極子により生じるが，非極性ファンデルワールス力は電荷の誘導や量子力学的な揺らぎによって生じた一時的な電気双極子により生じる。

永続的な電荷により引き起こされる引力や斥力は，古典的なクーロンの法則で示されるように，距離の逆2乗と電荷の量により決定づけられる。前3者の相互作用の違いは，主に関与する電荷量の違いであり，イオン間相互作用は，整数量の電荷が関与するため最も強い。水素結合は電荷の一部だけが関与するため，1桁弱い。双極子相互作用はさらに小さな電荷によるため，さらに1桁弱い。

非常におおまかに捉えると，力の大きさは以下のようになるであろう。

・イオン間相互作用　　　　　：1,000
・水素結合　　　　　　　　　：　100
・極性ファンデルワールス力　：　 10
・非極性ファンデルワールス力：　　1
・分子間の万有引力　　　　　：10～35（参考）

であるため分子量は小さいが，100℃までで染色されるため，イオン結合は欠かすことができない結合力となっている。

9-4　共有結合と配位結合

通常の吸着現象では，分子間に働く「互いに引き合う力」すなわち，静電気的な引力が関与した現象であるが，染色現象には，より強い分子内結合である共有結合および配位結合が主たる結合力となる現象もある。実用的染色では，これらの結合が静電的結合に比べてはるかに強く，耐久性に優れることから多

表9.1　繊維と染料の代表的な組み合わせ

	繊維	染料
共有結合	セルロース系繊維（綿，レーヨン）	反応染料
	タンパク質系繊維（絹，羊毛）	
	ポリペプチド繊維（絹，ナイロン）	反応分散染料
配位結合	セルロース系繊維（綿，レーヨン）	天然植物染料
	タンパク質系繊維（絹，羊毛）	酸性媒染染料
	ポリペプチド繊維（ナイロン）	

用されている。ここでは，結合の説明をする前にこれらの結合を主たる結合とする「繊維と染料の組み合わせ」を示す。代表的な組み合わせを表9.1に示す。

これらの結合による染色は，イオン結合やファンデルワールス力を主たる結合とした染色が，洗浄条件によって脱着するのに対して，日常生活で使用される環境ではほとんど分解（結合が切れること）しないため，急激な脱着は見られない（このようなことから，静電的結合が主たる結合となる吸着を物理吸着，共有結合や配位結合を主たる結合とする吸着を化学吸着と呼ぶこともある）。では，これらの結合について簡単に説明する。

9-4-1　共有結合

共有結合は，原子どうしで互いの電子を共有することによって生じる化学結合である。この結合の結合力（結合エネルギー）は非常に強い。たとえば，2個の水素原子が電子を1個ずつ出し合い共有することにより，水素分子（H_2）を形成する。この時，どちらの水素原子も2個の最外殻電子を持っていることになり，ヘリウム（He）原子の電子配置と同一とみなせる。

もう一つ，水分子の結合のようすを，近似原子モデルを用いて示すと次のようになる。水分子は，電子を2個取り入れてネオンと同じ電子配置になりたい酸素原子と，電子を1個取り入れてヘリウムと同じ電子配置になりたい水素原子から作られ，それぞれの軌道内は二つの電子を共有したかたちになっている（図9.4）。

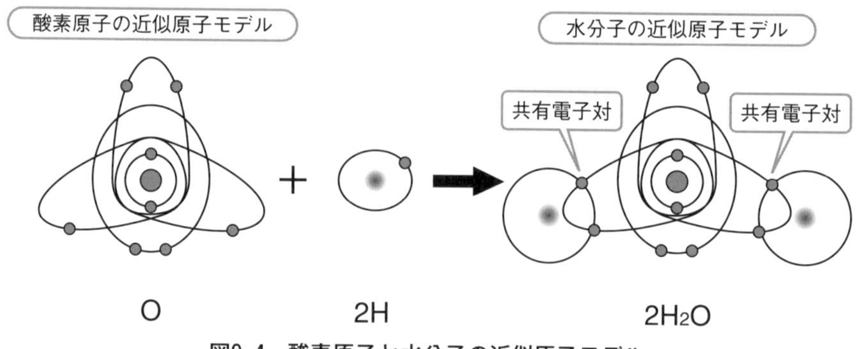

図9.4　酸素原子と水分子の近似原子モデル

染色において，共有結合を利用している反応染料は，繊維構成分子の官能基と反応する反応基を持っている。この反応基は染料の色そのものに関係していない。そのため，染料の発色母体は酸性染料であったり分散染料であったりする。反応染料も反応させる条件が整わないと，酸性染料や分散染料として振る舞う。繊維の種類によって反応条件は異なるが，反応条件が整うと繊維の官能基と反応する。この結合（共有結合）はたいへん強く，耐久性の良い染色が得られる。綿の染色の主流となっている。

9-4-2　配位結合

配位結合とは，結合を形成する二つの原子の一方からのみ，結合電子が分子軌道に提供される化学結合である。見方を変えると，電子対供与体となる原子から電子対受容体となる原子へと，電子対が供給されてできる化学結合であるといえる。染色において，この結合を利用するためには，アルミニウム（Al）や重金属（遷移金属）が使用される。アルミニウムの共有結合化合物は強い電子対供与体であり，遷移金属元素の多くは共有結合に利用される価電子のほかに，空のｄ軌道などを持つ電子対受容体として作用する。このように，配位結合は共有結合と同じく電子軌道に電子が２個入って形成されるので，本質的には違いがない。しかし，電子の入る軌道の構造やそのエネルギーの大きさ（準位）によって結合自身の性質が違ってくる。たとえば，共有結合と同じ軌道を使った配位結合は共有結合と等価であるが，遷移金属の空軌道であるd軌道での結合は，このd軌道が共有結合には使われないため，結合力などの性質は違ってくる。

染色において配位結合を利用するためには，一般的には遷移金属が用いられ，この金属は繊維と染料の仲を取り持つ役割を果たす。繊維と染料では耐久性が得られない組み合わせであっても，金属が仲を取り持てば，結合力の強い配位結合により繊維／金属／染料からなる錯体が形成されるため，耐久性の優れた染色ができる。この仲を取り持つ染色を媒染と呼び，実用的にはすでに述べたように，羊毛の酸性媒染染色および綿や絹の天然植物染料染色に用いられている。

なお，配位結合は，繊維－染料間で成立すると，より強固な結合力として染色に寄与するが，染料分子内でのみ配位結合を生じる場合にも，色相の深色化効果や耐光性向上効果とともに，金属の導入による分子量の増大が染色に寄与する効果もある。

以上，結合様式とその強さ（結合エネルギーの大小）について説明してきたが，この説明によって吸着した染料分子と繊維構成分子との結合力が，強ければ強いほど脱着しにくいことは理解できる。とすれば，堅牢な染色とは，“繊維内にできる細孔サイズに適合し，繊維の結合サイトと十分な結合力を持つこ

Notes

〈錯体（錯塩）〉

錯体もしくは錯塩とは，広義には，配位結合や水素結合によって形成された分子の総称である。狭義には，金属と非金属の原子が結合した構造を持つ化合物（金属錯体）を指す。この非金属原子は配位子である。ヘモグロビンやクロロフィルなど，生理的に重要な金属キレート化合物も錯体である。また，中心金属の酸化数と配位子の電荷が打ち消し合っていないイオン性の錯体は，錯イオンと呼ばれる。

金属錯体は，有機化合物・無機化合物のどちらとも異なる多くの特徴的性質を示すため，現在でも非常にさかんな研究が行われている物質群である。

と”ということができる。このことが，繊維の種類によって使用できる染料が決まってくる理由であり，“繊維と染料には相性がある”といわれる所以である。

9-5 繊維と染料との相性

表9.2に，染料と繊維の相性を示す。

この表に示した染料名であるが，同様の染色法や特性を持つ染料を一つのグループにまとめ，そのグループの名称として慣用的に付けられたものである。染料として発色させる化学構造には多くの種類があり，それによって染料は分類することができるが，この分類と異なり，表9.2の染料名による分類は化学構造によるものではないため，一つのグループには分子構造の異なる染料も含まれる。さらに，これらの分類は，商業的に満足のいく染料のみが含まれており，より実用的な分類といえる。たとえば，直接染料と聞けば，染料の化学構造を考えずに，商業的に許される堅牢度で木綿やレーヨンなどを染色できる染料であると思い浮かべればよい。

表9.2　染料と繊維との相性

染料	水溶性	対象繊維	繊維との結合の種類
直接染料	可溶	木綿，麻，再生セルロース	ファンデルワールス結合， 水素結合
酸性染料	可溶	羊毛，絹，ナイロン	ファンデルワールス結合， 水素結合，イオン結合
カチオン染料	可溶	羊毛，絹，アクリル	ファンデルワールス結合， 水素結合，イオン結合
反応性染料	可溶	木綿，麻，再生セルロース， 羊毛	ファンデルワールス結合， 水素結合，共有結合
建染染料	不溶	木綿，麻	非晶領域に沈着 （ファンデルワールス結合，水素結合）
分散染料	難溶	アセテート，ポリエステル	非晶領域に沈着 （ファンデルワールス結合，水素結合）

ところで，この結合力が強ければ“どうして染着が起こるのか”ということについては，説明されたとはいえない。では，この結合力と自然に染着が起こることとはどのような関係にあるのであろうか。これは，結合により生じるエネルギー変化が，吸着反応を対象としている系のエネルギー含有量を変化させることに関係している。すなわち，吸着によって生じた系全体のエネルギー（自由エネルギー）変化が，この系を安定状態にさせる変化であるためである。このことについては，次章で熱力学関数を用いて，もう少し詳しく説明する。

第 10 章

染料の溶液から繊維への移行のしやすさの目安は？

── なぜ染着が起こるのか ──

通常，染色は一定の圧力下で行われる。ここで，より理解しやすくするために，一定温度のもとでの現象として取り扱う。この一定圧力，一定温度の系は，熱力学では「閉鎖系」として取り扱われている。閉鎖系とは，他の系（外界）との物質の交換はできないが，エネルギーは失ったり獲得したりできる系のことである。考えるに当たって，反応（染着）が自然に進むためには，全体（マクロ）で見れば必ずエネルギーの低い，乱雑さの高い方向へ向かうとした熱力学の法則を前提とする。

今述べたように，閉鎖系で反応（現象）が自然に進むとは，対象としている集合体（系）が落ち着いた（安定した）状態になることである。落ち着いた状態とは，系全体でのエネルギー（自由エネルギーと呼ぶ）がより低い状態になることである。系のエネルギーは，系を構成している物質が持つ「エネルギー」と「乱雑さ」によって決まる。すなわち，自然に進むとは，初めの状態より落ち着いた（平衡）状態となることによってエネルギーが減少することである。そのためには，

①系外にエネルギーが放出される

②系に含まれる物質の乱雑さが高くなる

ことが挙げられる。

この条件は系をマクロに捉えた場合であり，ミクロに見れば落ち着いた状態になる中で，ある構成物質はエネルギーを吸収し増大していることもあるが，

Notes

熱力学では，それぞれ物質の集まりを系と呼び，その他の部分を外界と呼ぶ。この系は要素となる「物質」「エネルギー」「外界」の相互の関係から「開放系」「孤立系」「閉鎖系」「断熱系」の4つの系が存在する。

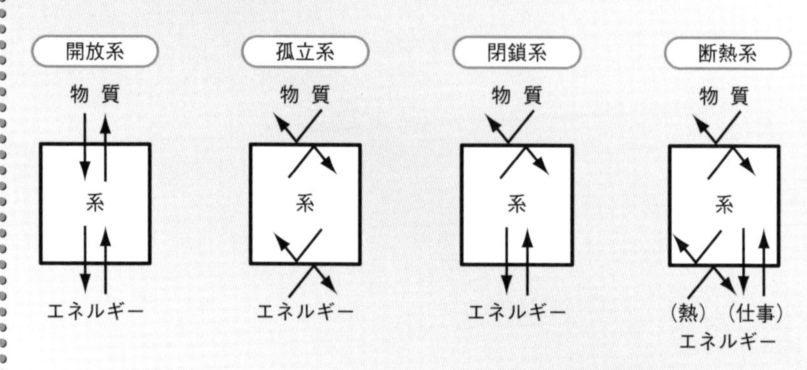

これらの系の性質は，圧力p，体積V，物質量n，温度Tなどの条件によって記述される。たとえば，気体の状態はこれらの条件が決定すると決まり，理想気体の状態は $pV = nRT$ で表わされる。このように，系の状態が決定することで決まる量を，状態関数または状態量という。

その他の構成物質はエネルギーを放出しており，トータルとしてエネルギーが減少すれば，自然にその反応は進行する。同様に，乱雑さも系全体として必ず乱雑さが高くなる方向に進行するのである。ミクロに見れば，乱雑さが低くなる反応（現象）が含まれていてもかまわない。染着現象は，まさに局所（ミクロ）的に乱雑さが低くなる現象の例である。

染色は，染料分子が染浴という溶解状態から，繊維という固相内に束縛される状態に移行するわけであり，この変化そのものは乱雑さが低くなり，乱雑さの寄与のみからは自然に起こる変化とはいえない。しかし，直接染料水溶液に綿繊維を放り込むと，染料のかなりの部分が自然に綿繊維に染着しており，染色系（閉鎖系）全体から見れば，やはりエネルギーがより低い状態になっているはずである。これは，染色という現象は，単純に染料が溶液中から繊維中に移行する過程だけで成り立っているのではなく，この移行に際して非常に多くの反応過程が含まれているためである。たとえば，染料分子が溶液中から繊維表面に吸着する際には，溶液中での染料に水和している水分子が外れ，また，繊維表面でも水和した水分子が外れ，その部分に染料分子が吸着するという過程が含まれる。この一つひとつの過程をエネルギー的に見ると，エネルギーを必要とする過程もあればエネルギーを放出する過程もあり，一方，乱雑さで見ると，水分子が外れることで乱雑さが増す過程もあれば，染料分子が吸着することにより乱雑さが減少する過程も含まれている。すなわち，これらの総和としての自由エネルギーが，染料分子が溶液中に留まるよりは繊維中に移行することの方が低くなるので，染色が起こると考えられる。

今述べた現象を，定温定圧での閉鎖系を対象として熱力学で用いられるパラメータ［ギブスの自由エネルギー（G），エンタルピー（H），エントロピー（S）］を用いて，より普遍的に説明してみる。まず，ここで用いる熱力学的パラメータについて簡単に説明する。

10-1　エンタルピー（H）

熱力学では，基本的な法則として熱力学第一法則および第二法則がある。まず，第一法則とは“孤立系ではエネルギーはかたちを変え，相互に変化することはあるが，新たに発生したり消えたりしない”というエネルギー保存の法則である。

系の内部エネルギー変化（$\varDelta U$）は，熱量（q）と仕事量（$\varDelta w$）の変化によって決定する。

$$\varDelta U = q + \varDelta w \quad \cdots\cdots\cdots\cdots（式10.1）$$

この時，系は圧力一定で，体積が$\varDelta V$の分だけ増加すると，それだけ系が外部に対して仕事をしたということになる（図10.1）。

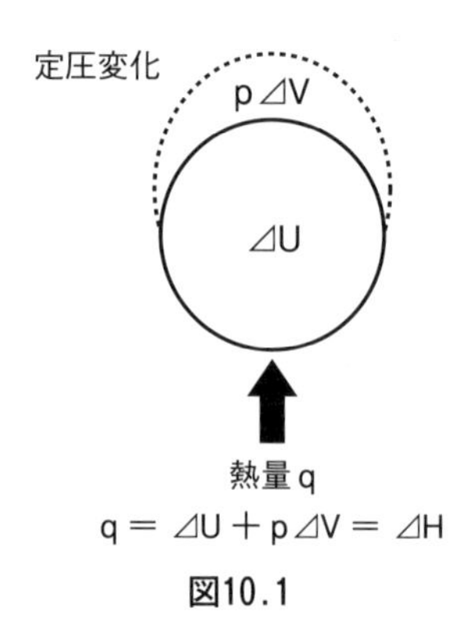

図10.1

$$w = -p\Delta V$$

$$\Delta U = q - p\Delta V \quad \cdots\cdots\cdots\cdots \text{（式10.2）}$$

［原系から生成系への変化なので，一般的な約束として－（マイナス）を付ける］

これを変形すると，次のようになる。

$$q = \Delta U + p\Delta V \quad \cdots\cdots\cdots\cdots \text{（式10.3）}$$

圧力一定では，外界と系の圧力は等しい。この条件下でも，熱量qは状態関数の変化量となる。ここで，新しい状態関数「エンタルピー（H）」を定義する。

$$H = U + pV \quad \cdots\cdots\cdots\cdots \text{（式10.4）}$$

定圧の条件下では，次のように変化量⊿Hを記すことができる。

$$\Delta H = \Delta U + p\Delta V \quad \cdots\cdots\cdots\cdots \text{（式10.5）}$$

それでは，「エンタルピー」とはいったい何か。エンタルピーとは“圧力一定の条件で系が持つエネルギーである”と考えることができる。図10.2は，反応する前の系（反応系）のエンタルピーよりも生成した系（生成系）のエンタルピーの方が低く，その差分（⊿H）は，

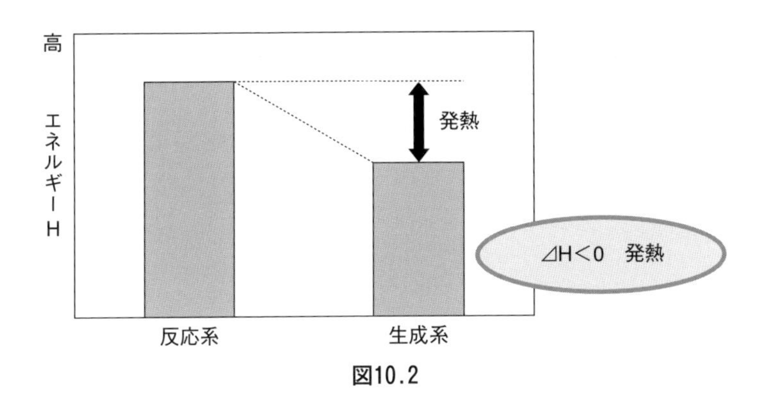

図10.2

⊿H ＝「生成系のエンタルピー」－「反応系のエンタルピー」…………（式10.6）

で，⊿H＜0となり，その分は外界に放出され（これが発熱であり，このような反応を発熱反応と呼ぶ），系全体のエネルギーが減少したことを示す図である。つまり，反応系での反応の結果，エンタルピーが減った分だけエネルギーが減ったということである。逆に，⊿H＞0ならば反応系から生成系に変化する時に，その分だけエネルギーを吸収することになる。つまり，吸熱反応であり，エンタルピーのみからは吸熱反応が自然には起こらないことになる。

10-2　エントロピー（S）

エントロピーとは，R. Clancinseが創った言葉であり“変化に内在するもの（何らかの変化が起こるとその中に存在する）”という意味の熱力学的概念である。たとえば，ある系Aが高温の系と接すると，熱は高温の系より移り，系Aは温度が高くなる。この時，受け取った熱量を系Aで変化した温度（絶対温度）で割ることで得られる値，すなわち，単位温度における熱量の場合の数の増加量であり，熱量の乱雑さを表わすのがエントロピーである。この時のエントロピーは次の式で求めることができる。

$$\Delta S = q/T \quad \cdots\cdots\cdots\cdots \text{（式10.7）}$$

このように，エントロピー（S）とは乱雑さの指標となる状態関数である。

孤立系においての自然変化は，エントロピーが増大する方向に起こるので，熱力学第二法則とは“可逆反応ではエントロピーは一定であり，不可逆反応ではエントロピーは増大する”と表現される。

先ほどの例でいうと，熱い湯に冷たい物質を入れると温度が下がり，湯と物質の温度は同じになる。これは，熱いものから冷たいものに熱が移動したためであるが，物質がさらに冷たくなり湯が沸騰をはじめるというような，冷たいものから熱いものへ熱が移動する反対の変化は起こらない。これは不可逆反応であり，エントロピーは増大する方向へ働いている。

10-3　ギブスの自由エネルギー（G）

10-1節および10-2節では，エンタルピー変化そのもの，エントロピー変化そのものから自然に起こる反応であるかどうかを，エンタルピー変化が$\Delta H < 0$の時，$\Delta S > 0$の時に自然に反応が起こるとした。しかし，対象とした系が孤立系であることに注意してほしい。

一般的な実験室内での反応はフラスコやビーカー内で行うが，この反応系は孤立系ではなく閉鎖系である。そこでは反応の方向，すなわち自然に起こるか否かを知る必要がある。孤立系以外では，反応が自然に起こるかどうかを知ることができる状態量として，ギブスの自由エネルギー（G）が定義されている。

ギブスの自由エネルギー（G）は次のように表わされる。

$$\Delta G = \Delta H - T\Delta S \quad \cdots\cdots\cdots\cdots \text{（式10.8）}$$

この式は，反応の方向はΔHとΔSのバランス（ギブスの自由エネルギー）で決まることを示している。つまり，自由エネルギー変化ΔGがマイナス

（⊿G＜0）であるなら，その反応は自然に進む反応であり，⊿Gがプラス（⊿G＞0）であるなら，その反応は自然には進まない反応であることになる。

たとえば，発熱反応（⊿H＜0）でエントロピーが正（⊿S＞0）であるなら，ギブスの自由エネルギーは負（⊿G＜0）となり，自然に起こる反応である。しかし，孤立系では自然に起こる発熱反応（⊿H＜0）であっても，エントロピーが負（⊿S＜0）であるなら，低温ではギブスの自由エネルギーは負（⊿G＜0）となり自然に起こるが，高温ではギブスの自由エネルギーは正（⊿G＞0）となり自然に起こらない。

また，孤立系では自然に起こらない吸熱反応（⊿H＞0）であっても，エントロピーが正（⊿S＞0）の時，高温ではギブスの自由エネルギーは負（⊿G＜0）となり自然に起こる。しかし，低温ではギブスの自由エネルギーは正（⊿G＞0）となり自然に起こらない。また，吸熱反応（⊿H＞0）でエントロピーが負（⊿S＜0）であるならギブスエネルギーは正（⊿G＞0）となり，いかなる温度でも自然には起こらない反応である（この関係を表10.1にまとめた）。

表10.1

エンタルピー(H)	エントロピー(S)	自由エネルギー(G)	反　応
発熱反応（⊿H＜0）	⊿S＞0	⊿G＜0	自然に起こる反応
	⊿S＜0	低温で⊿G＜0	自然に起こる反応
		高温で⊿G＞0	自然に起こらない反応
吸熱反応（⊿H＞0）	⊿S＞0	低温で⊿G＞0	自然に起こらない反応
		高温で⊿G＜0	自然に起こる反応
	⊿S＜0	⊿G＞0	自然に起こらない反応

10-4　染着現象のギブスの自由エネルギー変化⊿Gによる説明

上述したように，染料分子が繊維中に移行するかどうかは，極めて多くの要素の兼ね合いで決まる。たとえば，ポリエステルの分散染料での染色において，低温では染色はできない。この場合は，低温ではポリエステル自体に染料を受け入れる場所が用意できていないからである。したがって，この組み合わせでは，高温にしてポリエステルに受け入れ準備ができた状態で，分散染料がどうして繊維の中に移行するのかを考えることになる。つまり，ここで物理化学的障壁がない条件のもとで“染料が自然に繊維の中に移行していくのはどうしてか？”を考えてみようということである。

ではまず，“自然に進むとは，初めの状態より落ち着いた（平衡）状態となることによってエネルギーが減少することである”とは，定温定圧における任意の自発的（自然に起こる）変化の過程では，

$$\varDelta G_{(T,P)} < 0 \quad \cdots\cdots\cdots\cdots \text{（式10.9）}$$

と書き換えることができる。

染着するとは，染料が繊維表面および繊維内部に捕らえられて，その運動の乱雑さ（エントロピー）が小さくなる過程であるから，エントロピーは必ず減少する。すなわち，染着に伴う系のエントロピー変化$\varDelta S$は負（$\varDelta S < 0$）になる。また，定温定圧における任意の自発的変化の過程では，$\varDelta G_{(T,P)} < 0$となるため，染着がかなりの程度で起こった時には，系のギブスエネルギーの変化$\varDelta G$は負であるべきであるから，熱力学の関係式，

$$\varDelta G = \varDelta H + T\varDelta S \quad \cdots\cdots\cdots\cdots \text{（式10.10）}$$

によって，系の内部エネルギー（エンタルピー）の変化$\varDelta H$は負でなければならない。すなわち，染着は発熱反応でなくてはならないことになる。

ところが，そうとも限らない。くどいようであるが染着現象とは，染浴中で自由に動き待っている染料が，繊維が入ってくると，その繊維の非晶領域の狭くて動き回れない隙間に潜り込む現象である。溶液中の方が染料の自由度（乱雑さ）は高いのに，わざわざ自由度（乱雑さ）が低くなる繊維の中に入ること

は，それだけを見れば熱力学の前提に反する。しかし，染色（液相）は染浴（固相）と繊維の二つの相を考える必要があり，染料が繊維内に浸入することによってこの2相に含まれる物質全体としての乱雑さは高まっているためである。その大きなウエートを占めているのが水の構造であり，染料を追い出すことで水の乱雑さが高まり（⊿S＞0），染料の⊿S＜0を打ち消し，系全体を⊿G＜0とする上で貢献している。

ここでは，染料分子をかなり大きな疎水性部分とスルホ基で代表される親水基とで構成されていると仮定して，染着各過程（第3章参照）でのエンタルピーおよびエントロピー変化を推定してみる。

・過程（1）：染料分子の脱水和と，それに伴う水の構造の再編成……染料の疎水性部分では水は疎水性水和（iceberg 構造）しており，親水基ではイオン性水和している。この水和が外れ，その水は周りの水と新たな水素結合による構造を作る。この際，脱水和は吸熱反応であるので⊿H＞0，脱水和後の水の構造は水和構造よりも乱雑さが高いため⊿S＞0となる。

・過程（2）：染料分子の繊維表面への吸着……染料が繊維の表面へ吸着する際の反応は発熱反応であるので⊿H＜0となるが，同時に繊維表面の脱水和を行う必要があり，これは吸熱であるので⊿H＞0となる。さらに，吸着した染料にも水和が起こるので，この場合のエンタルピー変化は⊿H＜0となり，トータル⊿H＜0となる。一方，エントロピー変化では吸着反応は⊿S＜0であり，脱水和は⊿S＞0，染料への水和は⊿S＜0となり，トータル⊿S＜0となる。

すでに述べたように染色は，

・過程（3）：吸着染料分子の繊維内への浸透拡散

・過程（4）：繊維内分子への吸着現象

によって完結する。これらの過程においても同様に，染料分子の繊維分子への吸脱着，繊維内部に水和している水の再編成などが，エンタルピーおよびエントロピーの変化に寄与する。

通常の染色では，これら全体の変化を総合すると⊿H＜0，⊿S＞0となり，⊿G＜0となると考えられている。このように見ていくと，染色が自然に起こる推進力は，どちらかというと水の構造再編成が絡むエントロピー変化（増加）の寄与であるということができそうである。ここまでは，染色現象を熱力学にもとづいて，どのような反応や現象が染色に寄与しているかを説明してきたが，染色では，染色が進むかどうかの判定に「化学ポテンシャルの変化」や「親和力」という概念を用いることが多い。そこで，ギブスの自由エネルギーと化学ポテンシャルとの関係および，それから導入される親和力の概念について説明する。

10-5　染着現象の化学ポテンシャル変化による説明

われわれは，滝の水が上から下に落ちることを，位置エネルギーという概念により，水は位置のエネルギーの高いところから低いところに流れるものであるということを何の疑問も持たず受け入れてきた。同様に，ある物体にある力を掛けてある距離を動かす時の仕事量が，（仕事）=（力）×（距離）で表わされることは習っていることと思う。この時，力を作用させることで物体が元の点（原点）からある点に動く際，その経路の各点における微小仕事を積分した量をポテンシャルと定義される。この例のように，力学的な仕事が関係する場合は力学的ポテンシャルと呼ばれる。このポテンシャルを滝の水の動きに当てはめると，位置エネルギーの高い，すなわち落ちはじめる部分の微小仕事を積分したポテンシャルは，滝壺に落ちた水のポテンシャルより高く（実際は，運動エネルギーが加わっているので水の勢いは強い），このようにポテンシャルに差があるために水が落ちると言い換えることができる。

同様に，化学反応系に含まれる粒子にも状態に応じてさまざまな力が掛かっている。たとえば，電気力，拡散力，静水圧（圧力は力に換算できる）などであるが，これらの力により導かれるポテンシャルが，その点での粒子が持つ化学ポテンシャルである。ある物質が二つの状態にあり，それらを合わせるとした場合，その二つの状態にある物質の化学ポテンシャルがわかれば，その物質がどのように移動するかが予想できる。たとえば，二つの状態（相）にある物質のそれぞれの化学ポテンシャルに差があれば，その二つの状態（相）を合わせると，化学ポテンシャルの大きい方から低い方へ，その物質は移行することになる。

すなわち，このことを染着現象に当てはめると，染浴相にいる染料分子の化学ポテンシャルの方が繊維相の染料分子のそれより大きい時に，染着が起こるとすることができる。このように取り扱うことにより，先ほどまで説明してきた水の構造再編成の寄与などを考えることなく，これらの要素がすべて染料の化学ポテンシャルの中に含まれているために，たいへん考えやすくなることがわかるであろう。

10-6　ギブスの自由エネルギーと化学ポテンシャルとの関係

前にも述べたように，ここで取り扱う染色は定温定圧条件下でのものであることから，反応の目安にはギブスの自由エネルギーが適用される。ギブスの自由エネルギー $G_{(T,P)}$ の独立変数 T および P は，ともに系の質量に依存しない示強変数であるが，G 自身は示量変数（～示量関数）なので，その量は系の質量，つまり，モル数に依存し，n モルからなる系のギブスの自由エネルギーを，正確には，$G_{(T,P,n)}$ と書く必要がある。

この時，

$$G_{(T,P,n)} = nG_{(T,P,1)} \cdots\cdots\cdots\cdots \text{（式10.11）}$$

の関係が成立する。

この式の n による偏微分は，

$$\left(\frac{\partial G_{(T,P,n)}}{\partial n}\right)_{T,P} = G_{(T,P,1)} \quad \cdots\cdots\cdots\cdots \text{（式10.12）}$$

となるが，この左辺，すなわち，$G_{(T,P,n)}$ の部分モルギブス自由エネルギーを系の化学ポテンシャルと定義し，

$$\mu_{(T,P)} \equiv \left(\frac{\partial G_{(T,P,n)}}{\partial n}\right)_{T,P} \quad \cdots\cdots\cdots\cdots \text{（式10.13）}$$

と書くことにする。単位は［kJ/mol］が使われる。

ここで，部分モル量（partial molal quantity）であるが，これは熱力学変数（関数）をT，P一定の下でその系の粒子数（モル数：n）で偏微分した量である。「部分」という用語は偏微分の偏（partial）からきている。この概念は，多成分系に用いた時に真価を発揮するものである。

この関係を染浴内の染料分子に当てはめると，染料の化学ポテンシャル：μ^S は，

$$\mu^S \equiv \left(\frac{\partial G^S}{\partial n^S}\right)_{T,P,n} \quad \cdots\cdots\cdots\cdots \text{（式10.14）}$$

と書くことができる。なお，添え字Sは溶液の意味である。

染着が起こることは，μ^S が μ^f［繊維（f）内の染料の化学ポテンシャル］との差 $\Delta\mu\ (= \mu^f - \mu^S) < 0$ となることである。

次に，具体的に化学ポテンシャルを取り扱うには，この値を求める必要がある。しかし，その絶対値を求めることはむずかしい。また，$\Delta\mu$ の値がわかればよいことなので，任意に定める標準状態との差を考えれば取り扱える。今，溶液中および繊維中の染料の化学ポテンシャルを μ^S, μ^f とし，任意に定めた標準状態での化学ポテンシャルをそれぞれ $\mu^{\circ S}$, $\mu^{\circ f}$ とした場合，μ^S, μ^f は，

$$\mu^S = \mu^{\circ S} + RT\ \mathrm{In}\ a^S$$
$$\mu^f = \mu^{\circ f} + RT\ \mathrm{In}\ a^f \ \text{（aは活量である）} \quad \cdots\cdots\cdots\cdots \text{（式10.15）}$$

で表わされる。なお，この式は粒子に掛かる力より導いた化学ポテンシャルで

あり，粒子の拡散力項のみで表わした式である。

染色が進行して平衡に達すると，$\mu^{S} = \mu^{f}$ となることから，$\mu^{\circ f}$ と $\mu^{\circ S}$ の差を $\Delta\mu^{\circ}$ とすると，

$$-\Delta\mu^{\circ} = RT \ln a^{f} / a^{S} \quad \cdots\cdots\cdots\cdots \text{（式10.16）}$$

となる。この式で求められる $-\Delta\mu^{\circ}$ を標準親和力または染色の親和力と呼び，染色の起こりやすさの目安に広く使われている。

再度，整理すると化学ポテンシャルはギブスの自由エネルギーとの関係では，化学ポテンシャルは部分モルギブス自由エネルギーであることから，標準状態でのエンタルピー変化 ΔH° およびエントロピー変化 ΔS° を用いて表わすことができる。

$$\Delta\mu^{\circ} \equiv \Delta H^{\circ} - T\Delta S^{\circ} \quad \cdots\cdots\cdots\cdots \text{（式10.17）}$$

この場合の ΔH°，ΔS° のいずれも染料分子にすべての要素の寄与が総合された値であることから，染色条件が異なると当然違った値を示すことになる。なお，染色では ΔH° を染色熱，ΔS° を染色エントロピーと呼び，ギブスの自由エネルギーの項で述べたように，どちらの項の効果が主となるかなど，染色現象の詳細な考察に使われている。

では，具体的にこの親和力を求めるにはどのようにするかであるが，そのためには繊維内の染料の活量をどのように取り扱い，どのように求めるかが重要となる。ここでは，どのようにして導かれたかという詳細は割愛し，代表的な染着現象に対する親和力を表わす式を紹介することに留める。

(1) ポリエステルの分散染料による染色

この組み合わせでは，第８章で説明したように平衡染色した結果，ヘンリー型の曲線が得られる。ヘンリー型の染着が起こる場合，染料は繊維内部（非晶領域）の隙間（自由体積）に溶け込むように浸透し，不特定座席に吸着していると捉える。つまり，染着量は分配係数（染料と繊維の組み合わせによって決

まる）と非晶領域の体積分率（繊維によって異なる）に依存することになる。この場合の親和力は，上に示した式10.16での活量を濃度に置き換えた以下の式により求めることができる。

$$-\Delta\mu^\circ = RT\ In\ a^f/a^S = RT\ In[D]_f/[D]_s = RT\ InK \cdots\cdots\cdots\cdots \text{（式10.18）}$$

（ここで，$K = [D]_f/[D]_s$ は分配係数である）

(2) セルロース系繊維の直接染料による染色

この組み合わせでは，平衡染色した結果，フロインドリッヒ型の曲線が得られる。直接染料はイオン性染料であり，繊維に浸透した際にもアニオンとして振る舞っていることから，セルロースの水酸基はイオン性水素結合による特定の座席と考えられる。しかし，直接染料は分子量が大きく疎水性部分のウエートがたいへん高いことは，すでに承知のとおりである。そのため，疎水性水和の影響が強く表われ，疎水性相互作用の寄与の方が大きく，不特定多数の座席に吸着するヘンリー型吸着が主になると考えられている。この場合の親和力は，上に示した式10.16における活量は，まず，染着位置の容積Vに多分子吸着したものとして，

$$-\Delta\mu^\circ = RT\ In\ a^f/a^S = RT\ In[D]_f/V - RT\ In[D]_s \cdots\cdots\cdots\cdots \text{（式10.19）}$$

と表わす。次に，直線染料DNa（D：染料母体）は解離してD^-とNa^+となっているので，それぞれの濃度を$[D^-]_f$および$[Na^+]_f^Z$とすれば（Zは染料の解離基の数である），

$$-\Delta\mu^\circ = RT\ In\ a^f/a^S = RT\ In[D^-]_f \cdot [Na^+]_f^Z/V^{Z+1} - RT\ In[D^-]_s \cdot [Na^+]_s^Z \cdots\cdots\cdots\cdots \text{（式10.20）}$$

と表わされる。

(3) タンパク質系繊維の酸性染料による染色

この組み合わせでは，平衡染色した結果，ラングミュア型の曲線が得られ

る。この場合は，染料が繊維内部（非晶領域）の特定の座席に吸着して単分子膜を形成すると考える。この時，全座席数をS，吸着した座席数をD_fとすると，吸着した染料の活量は$D_f/(S-D_f)$で表わされる。ここで，座席占有率(D_f/S)をθで表わすと，活量は$\theta/(1-\theta)$で表わされることになる。また，酸性染料はイオン解離していることから，繊維相に吸着したそれぞれのイオンの活量は$\theta_D/(1-\theta_D)$と$\theta_{Na}/(1-\theta_{Na})$と表わされ，染浴中のイオンの活量は濃度に置き換えて，$[D^-]_s$と$[Na^+]_s^Z$とする。

これらを用いた親和力は，

$$-\Delta\mu^\circ = RT\ In\ a^f/a^S = RT\ In[\theta_D/1-\theta_D]_f\cdot[\theta_{Na}/1-\theta_{Na}]_f^Z - RT\ In[D^-]_s\cdot[Na^+]_s^Z \quad \cdots\cdots\cdots\cdots（式10.21）$$

と表わされる。ここで，繊維上の正と負の差席数が等しく，また一塩基性酸性染料（Z＝1）であるとすると，この場合の親和力は，

$$-\Delta\mu^\circ = 2RT\ In[\theta_D/1-\theta_D]_f - 2RT\ In[D^-]_s \quad \cdots\cdots\cdots\cdots（式10.22）$$

となり，染料の座席占有率と染浴中の平衡後の染料濃度を求めれば，親和力を求めることができる。

Notes

〈活　量〉

活量とは，理想系と実存系に存在する誤差を修正するために，ギルバート・ルイスによって導入された物理量である。染色系で言い換えると，実際に使用されている染料溶液の理想溶液としての挙動からの「ずれ」を含んだ量であるといえる。染料溶液が理想溶液として挙動していれば，活量と染料のモル分率（混合物の物質量／全体の物質量）とは等しくなる。このことから，非常に希薄な溶液では理想溶液からの「ずれ」は小さいとして，活量aとモル分率X（または濃度）を等しいとして扱うことが多い。そこで，$a/X=\gamma$として，γを活量係数と呼び，理想溶液では$\gamma=1$となり，通常の溶液では1より小さい値となっている。

〈参考図書〉

・トーマス・ビッカースタッフ；「染色の物理化学」（訳：高島直一，生源寺治雄，根本嘉郎），丸善（1966）
・黒木宣彦；「染色理論化学」，槇書店（1966）
・学振版，新染色加工講座「3：染色系の基礎化学」，共立出版（1972）
・木村光男；「染浴の基礎物理化学」，繊維研究社（1979）
・学振版，「染色機能加工要論」，色染社（2004）

おわりに

本書では，染色における基本要素である「水」「染料」「繊維」を大雑把に捉え，厳密性には欠けるが，染色現象の細部にわたるイメージを思い浮かべてもらえることに主眼を置いた。そのため，さまざまな繊維をより均一に染色する実用染色に係わる染料構造や置換基の効果，界面活性剤や無機塩の助剤効果，各繊維の持つ固有構造の影響などについては全く触れることができなかった。しかし，繊維および染料の構造が変化したとしても，また，助剤が添加されたとしても，基本要素である「水」「染料」「繊維」の役割に変化をもたらすだけである。その変化した染色現象を考える上で，本書における基本的な考え方は変わることはないので，より応用的な染色関連の技術書を読まれる際には，「水」「染料」「繊維」の役割に着目しながら読まれれば理解しやすくなるのではと思う。

今後，機会があれば，より具体的な染色現象を取り上げながら，実用染色での現象を解説できればと思っている。いずれにしても，本書が読者の方々のお役に立てれば幸いである。

索　引

〈A～Z〉

〈あ〉

〈か〉

〈さ〉

〈た〉

〈な〉

〈は〉

〈ま〉

〈や〉

〈ら〉

〈著者略歴〉

氏　名：上甲　恭平（Kyohei Joko）

所　属：椙山女学園大学　生活科学部　生活環境デザイン学科　教授

1977年　大阪府立大学工学研究科後期課程（博士課程）退学

1977年　大阪府立繊維技術研究所（現：大阪府立産業技術総合研究所）入所

1991年　東京工業大学 博士（工学）取得

1993年　オーストラリア国立羊毛技術研究所 博士研究員（１年間）

1998年　京都女子大学短期大学部（現：家政学部）助教授に就任

2004年　京都女子大学 家政学部 教授に就任

2011年　現職，現在に至る

長年，天然繊維の構造と染色・機能加工に関する研究を行ってきたが，最近は毛髪の酸化染料染色機構やパーマネントウェーブ形成機構などへと研究の裾野を広げている。

本書は，株式会社繊維社より下記の履歴の通り刊行された書籍を再販したものである。

第1版　2012年9月7日発行
第2版　2013年4月26日発行
第3版　2015年2月23日発行
第4版　2017年3月7日発行
第5版　2019年3月12日発行

「染色」って何？
― やさしい染色の化学 ―

初　版　2020年9月23日発行

編　　集／繊維応用技術研究会

著　　者／上甲　恭平

発 行 所／株式会社 ファイバー・ジャパン
〒661-0975　尼崎市下坂部3-9-20
電話　06-4950-6283
ファクシミリ　06-4950-6284
E-mail：info@fiberjapan.co.jp
https://www.fiberjapan.co.jp
振替：00950-6-334324

印刷・製本所／尼崎印刷株式会社

2020 Printed in Japan

ISBN978-4-910245-03-4